머리가 좋아지는

암산법

머리가 좋아지는

암산법

초판 1쇄 발행 2020년 2월 15일
초판 2쇄 발행 2023년 2월 10일

지은이 김승태

펴낸곳 오르트
전화 070-7786-6678
팩스 0303-0959-0005
이메일 oortbooks@naver.com

표지 그림 Getty images / 게티이미지코리아, Designed by Freepik

ISBN 979-11-955549-7-3 03410

누구나 10일 만에 배우는
빨리 계산하는 방법

머리가 좋아지는

암산법

김승태

오르트

이 책을 시작하며

10일만 투자하면 누구나 할 수 있다

우리는 일상생활에서 크고 작은 계산을 할 일이 많다. 음식점에서 음식값이 얼마인지부터 밥값을 나누어 낼 때 얼마를 내야 하는지, 물건을 살 때 10% 할인이면 실제 지불액이 얼마인지, 하루에도 셀 수 없이 많은 계산을 하게 된다. 이때 계산기를 꺼내기보다는 머릿속으로 빨리 계산해 보면 상황에 빠르게 대처할 수도 있고 무척 편리하다.

계산에는 법칙이 있다. 암산도 마찬가지다. 천재들만 암산을 잘하는 것이 아니다. 기본 원리를 알고 훈련만 한다면 누구나 빠르게 계산할 수 있고, 빠르게 암산할 수 있다.

이 책은 10일 코스로 훈련할 수 있게 구성했다. 10일간 재미나게 따라하다 보면 어느새 계산의 맛이 온몸에 숙지되어 필요할 때 요긴하게 쓰일 것이다.

1부는 정확하게 빨리 계산하는 기술로 구성했다. 간단한 계산이라면 인간이 계산기를 압도할 수 있다. 다만 연습과 훈련이 전제되어야 한다. 일상에서 암산을 잘하면 무척 유용하다. 마트에서 어떤 물건을 어떻게 조합해서 사는 것이 가장 효과적인지 계산기를 꺼내지 않고 간단하고 빠르게 암산해 보면 어떨까?

이 책에는 인수분해를 어려워했던 사람도 빠르게 계산할 수 있도록 암산 비법을 담았다. 인수분해는 계산을 편리하고 빠르고 유용하게 하는 수단이다. 차근차근 하나씩 따라하다 보면 자연스레 인수분해도 익히게 될 것이다.

2부는 수학의 오락거리라고 할 수 있다. 큰 숫자가 나와서 복잡해 보이지만, 사실은 금융 생활에 꼭 필요한 내용들이니 한번 숙지해 두면 좋겠다. 조금은 무거운 내용일 수 있지만 누구나 관심 있는 은행 이자와 신용카드 이자에 대한 이야기다.

은행에서 예금할 경우와 대출할 경우의 이자 계산은 물론이고 신용카드의 연체 이자, 현금서비스에 대한 수수료 등을 예제와 함께 다뤘다. 신용카드에서 빼놓을 수 없는 게 할부 기능이다. 이때 우리는 또 얼마의 이자를 내야 할지 따져 보며 재미있게 계산의 기술, 암산법을 습득하길 바란다.

김승태

차례

1부

암산이 빨라지는 생활 계산의 기술

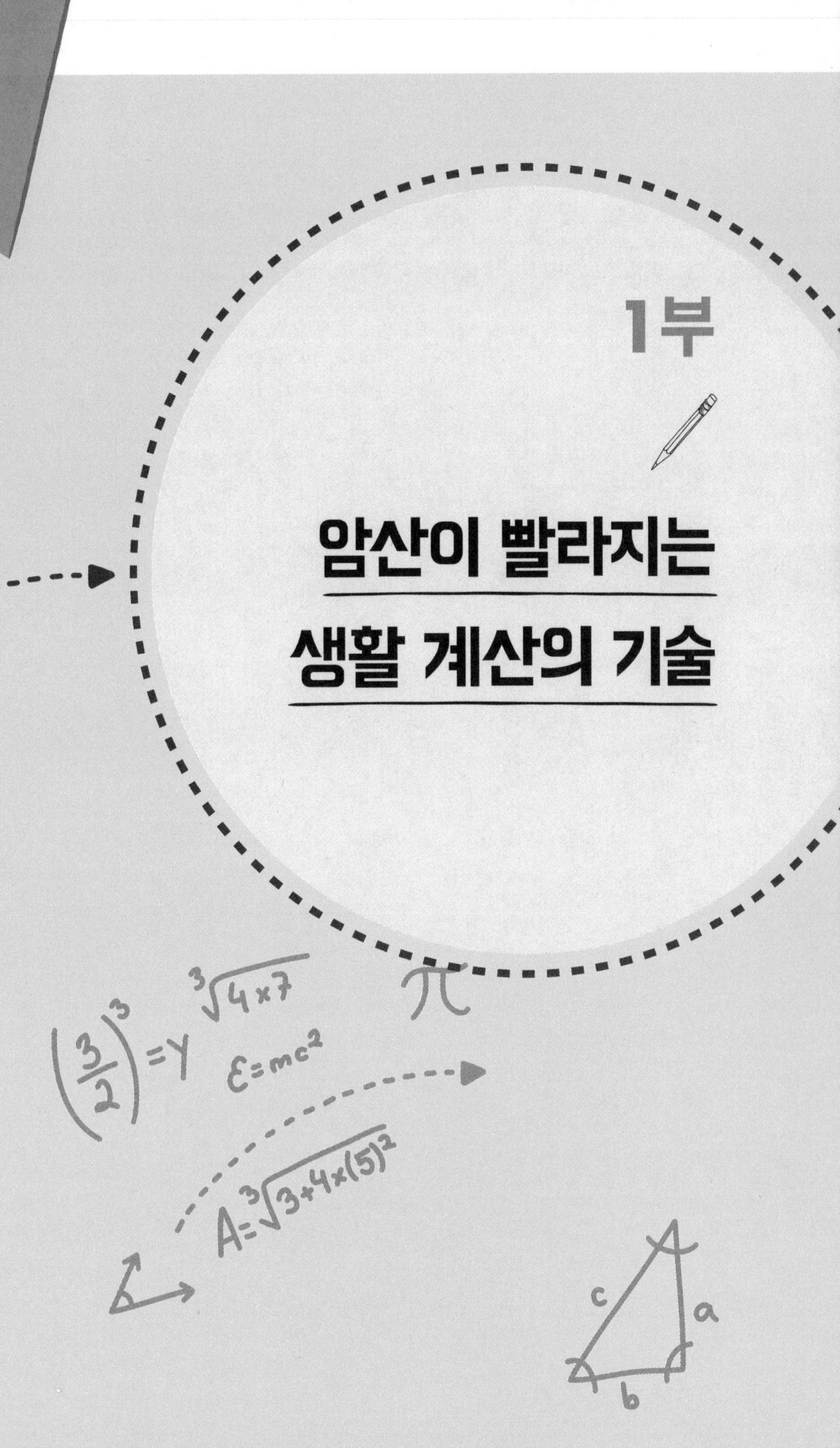

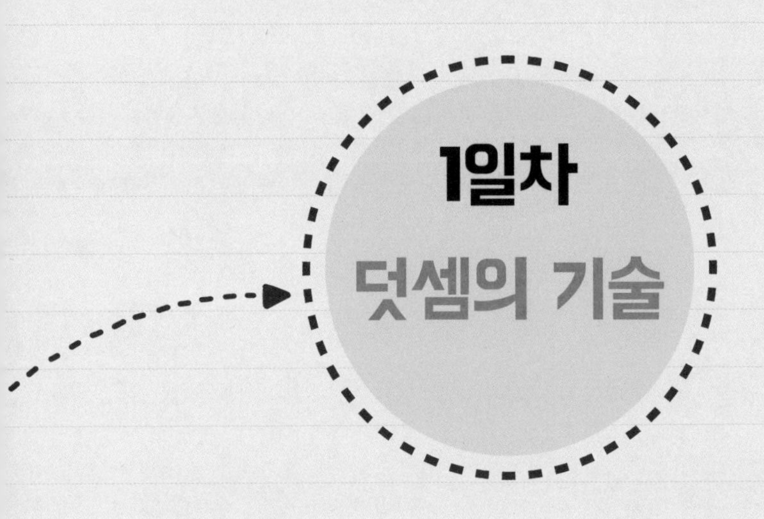

1일차

덧셈의 기술

- 잘게 쪼개는 것이 포인트!
- 보수를 활용하라.
- 교환법칙을 활용하라.
- 결합법칙을 활용하라.

생활 계산의 기술 1

덧셈의 기술

잘게 쪼개라!

몇백만 원을 제법 오래 저축해 두었는데 은행 이자가 고작 357원이다. 정말 357원이다! 요즘 1원짜리는 보기도 어렵다. 은행 ATM 기계에서 돈을 인출할 때 수수료는 500원에서 많게는 2,000원까지 드는데 말이다. 이쯤 되면 살살 약이 오르면서 1원까지 신경이 쓰인다. 이런 막심한 손해를 막기 위해 우리는 빠르고 정확한 덧셈의 기술을 익히고 싶다.

복잡한 문제를 해결하는 가장 간단한 방법은 잘게 쪼개는 것이다.

수학에서 널리 이용되는 이 기술의 예를 하나 살펴보자.

$$46 + 33$$

물론 이 문제는 바로 계산할 수도 있지만 어디까지나 쪼개는 연습을 해 보는 것이다. 46 + 30 = 76을 먼저 계산하고 나머지 일의 자리 3을 더해 주는 방법이다. 별것 아닌 것 같지만 숙달되면 훨씬 빠르게 계산할 수 있는 기술이 된다.

기다리기 먼저 더하기

$$46 + 33 = 46 + 30 + 3 = 76 + 3 = 79$$

쪼개기 이제 더하기

우리는 일의 자리부터 계산하는 방식을 학교에서 주로 배웠다. 하지만 빠르게 계산하기에는 속도감이 떨어지는 약점이 있었다. 물론 두 가지 기술을 모두 잘 사용하는 것이 좀 더 효율적이다. 하나 더 연습해 보자.

$$85 + 57$$

예민한 편이라면 척 보고 뭔가 움직임을 파악했을 것이다. 일의 자리에서 받아올림이 형성될 것이라는 예상치 못한 분위기 말이다. 그러나 우리의 빠른 계산법에는 아무 문제 없다. 앞의 방식과 똑같은 기술을 적용한다. 무시하고 그대로 계산해 본다.

기다리기

$$85 + 57 = 85 + 50 + 7 = 135 + 7 = 142$$

먼저 더하기 이제 더하기

이제 방법을 터득했으리라고 본다. 문자를 빌려서 정리해 보자. 결국 이 계산 방법은 자릿수에 대한 활용인 셈이다.

만약 십의 자리 수가 x이고 일의 자리 수가 y라고 한다면, 이 문자를 이용하여 수를 나타내 보면 다음과 같다.

$$10x + y$$

예를 들어 34를 문자로 풀어 쓰면 반드시 그 자릿수만큼의 수를 곱해 주어야 한다. 다 아는 이야기지만 34라는 숫자도 3과 4가 더해서 만들어진 것이 아니다. 30과 4가 더해진 것이다. 이것을 생각하면서 활용하면 좀 더 쉬워진다.

이제 두뇌 회전을 위해 연습해 보자.

연습 문제

(1) 23 + 16 =

(2) 95 + 32 =

(3) 89 + 78 =

(4) 73 + 58 =

(5) 19 + 17 =

(6) 39 + 38 =

(7) 46 + 57 =

(8) 54 + 76 =

(9) 98 + 64 =

(10) 35 + 59 =

풀이

(1) $23 + 16 = (23 + 10) + 6 = 33 + 6 = 39$

(2) $95 + 32 = (95 + 30) + 2 = 125 + 2 = 127$

(3) $89 + 78 = (89 + 70) + 8 = 159 + 8 = 167$

(4) $73 + 58 = (73 + 50) + 8 = 123 + 8 = 131$

(5) $19 + 17 = (19 + 10) = 29 + 7 = 36$

(6) $39 + 38 = (39 + 30) + 8 = 69 + 8 = 77$

(7) $46 + 57 = (46 + 50) + 7 = 96 + 7 = 103$

(8) $54 + 76 = (54 + 70) + 6 = 124 + 6 = 130$

(9) $98 + 64 = (98 + 60) + 4 = 158 + 4 = 162$

(10) $35 + 59 = (35 + 50) + 9 = 85 + 9 = 94$

너무 쉬워서 자존심이 상했을까? 이제 세 자릿수 덧셈에 대해 알아보자. 물론 이런 계산은 초등학생도 잘한다. 그때는 정공법을 이용하여 풀었다면 지금부터는 빨라지는 계산법을 연습해 보자.

우리가 그동안 배웠던 계산법은 일의 자리에서 받아올림을 이용하여 오른쪽에서 왼쪽으로 올라가면서 훑고 지나가는 기술이었다. 하지만 인도 베다 수학에서는 반대로 왼쪽에서 오른쪽으로 훑고 지나가는 방법을 쓴다.

인도 베다 수학에서는 더해지는 수를 잘게 나누는 방법을 염두에 둔다. 일단 예제를 보면서 이해해 보자.

538 + 427

427 = 400 + 20 + 7

⇨ 538 + 400 = 938

⇨ 938 + 20 = 958

⇨ 958 + 7 = 965

더해지는 427을 400 + 20 + 7로 분해해서 나타내는 것이 기술이다. 간단하지만 자신감을 심어 주는 방법이기도 하다.

427을 그냥 보면 살짝 복잡한 감이 들기도 한다. 하지만 눈을 돌려 400 + 20 + 7을 보라. 반가운 0 때문인지 아주 친근감이 느껴진다. 구구단 5단이 쉬워 보이는 이유와 비슷한 느낌이다.

누구나 쉽게 터득할 수 있는 기술이지만 이 기술을 잘 활용하면 분배법칙도 쉬워진다. 분배법칙을 살펴보자.

$$a \times (b + c) = (a \times b) + (a \times c)$$

앞에 있는 a를 뒤에 있는 b와 c에 곱해 주는 기술이다. 완전히 같은 방법은 아니지만 거의 비슷한 방식으로 계산한다. 문제를 풀면서 연습해 보면 금방 이해가 될 것이다.

연습 문제

(1) 242 + 137 =

(2) 635 + 814 =

(3) 912 + 476 =

(4) 853 + 377 =

(5) 878 + 797 =

(6) 878 + 539 =

(7) 549 + 782 =

(8) 314 + 428 =

(9) 156 + 387 =

(10) 478 + 386 =

풀이

(1) $242 + 137 = (242 + 100) + 30 + 7 = (342 + 30) + 7 = 372 + 7 = 379$

(2) $635 + 814 = (635 + 800) + 10 + 4 = (1435 + 10) + 4$

$= 1445 + 4 = 1449$

(3) $912 + 476 = (912 + 400) + 70 + 6 = (1312 + 70) + 6$

$= 1382 + 6 = 1388$

(4) $853 + 377 = (853 + 300) + 70 + 7 = (1153 + 70) + 7$

$= 1223 + 7 = 1230$

(5) $878 + 797 = (878 + 700) + 90 + 7 = (1578 + 90) + 7$

$= 1668 + 7 = 1675$

(6) $878 + 539 = (878 + 500) + 30 + 9 = (1378 + 30) + 9$

$= 1408 + 9 = 1417$

(7) $549 + 782 = (549 + 700) + 80 + 2 = (1249 + 80) + 2$

$= 1329 + 2 = 1331$

(8) $314 + 428 = (314 + 400) + 20 + 8 = (714 + 20) + 8$

$= 734 + 8 = 742$

(9) $156 + 387 = (156 + 300) + 80 + 7 = (456 + 80) + 7$

$= 536 + 7 = 543$

(10) $478 + 386 = (478 + 300) + 80 + 6 = (778 + 80) + 6$

$= 858 + 6 = 864$

수를 잘라서 계산해 보기 위해 연습 문제를 풀었다. 기존의 방법대로 푼다면 이런 쉬운 문제를 계산해 볼 필요가 없다. 시간이 좀 더 걸리더라도 나누어서 계산하는 방법을 숙달시키기를 권한다. 어떠한 방법이라도 노력 없이는 스피드를 기를 수 없다.

더하기만 하면 섭섭할 것이다. 이번에는 빼기 기술을 연습해 보자.

$$96 - 25$$

$25 = 20 + 5$

⇨ $96 - 20 = 76$

⇨ $76 - 5 = 71$

별 기술이 아니라고? 맞다. 아주 간단하다. 새로운 것이 아니다. 단지 살짝 응용할 뿐이다. 이것 역시 빼는 수를 잘게 분리해서 하나씩 하나씩 빼면 된다. 반복하면 계산의 스피드가 올라간다!

이 기술이 숙달되기만 하면 암산이 척척 된다. 우리가 원하는 것은 빨리 계산하기, 또는 암산이다. 암산을 빨리할 수 있으면 더욱 좋다. 역시 연습 문제를 풀어 보자.

연습 문제

(1) 38 - 23 =

(2) 92 - 34 =

(3) 79 - 28 =

(4) 63 - 45 =

(5) 89 - 47 =

(6) 147 - 85 =

(7) 52 - 18 =

(8) 71 - 36 =

(9) 134 - 49 =

(10) 93 - 17 =

(11) 91 - 43 =

(12) 73 - 49 =

(13) 326 - 48 =

(14) 83 - 28 =

(15) 102 - 29 =

풀이

(1) $38 - 23 = (38 - 20) - 3 = 18 - 3 = 15$

(2) $92 - 34 = (92 - 30) - 4 = 62 - 4 = 58$

(3) $79 - 28 = (79 - 20) - 8 = 59 - 8 = 51$

(4) $63 - 45 = (63 - 40) - 5 = 23 - 5 = 18$

(5) $89 - 47 = (89 - 40) - 7 = 49 - 7 = 42$

(6) $147 - 85 = (147 - 80) - 5 = 67 - 5 = 62$

(7) $52 - 18 = (52 - 10) - 8 = 42 - 8 = 34$

(8) $71 - 36 = (71 - 30) - 6 = 41 - 6 = 35$

(9) $134 - 49 = (134 - 40) - 9 = 94 - 9 = 85$

(10) $93 - 17 = (93 - 10) - 7 = 83 - 7 = 76$

(11) $91 - 43 = (91 - 40) - 3 = 51 - 3 = 48$

(12) $73 - 49 = (73 - 40) - 9 = 33 - 9 = 24$

(13) $326 - 48 = (326 - 40) - 8 = 286 - 8 = 278$

(14) $83 - 28 = (83 - 20) - 8 = 63 - 8 = 55$

(15) $102 - 29 = (102 - 20) - 9 = 82 - 9 = 73$

보수를 활용하라!

이제 본격적인 기술을 연마하기 위해 보수를 알아보자. 보수라고 해서 그렇게 특별한 기술은 아니다. 암산을 잘하는 사람들은 감각적으로 이미 터득한 기술이다.

가령 57을 가지고 100을 만든다고 해 보자. 그때 57에 43을 더해 주면 100이 되는데 이렇게 57과 43은 서로 100에 대한 보수 관계이다. 이 보수 관계를 활용하면 계산이 빨라지고 암산이 저절로 될 것이다.

연습을 위해 다음 수들의 100에 대한 보수를 찾아보자.

56, 67, 49, 23, 79, 34, 88

(정답) 44, 33, 51, 77, 21, 66, 12

이 계산이 빨리빨리 안 되는 사람들이 있을 것이다. 하지만 연습하기에 따라 얼마든지 속도가 빨라질 수 있다. 평소에 틈틈이 보수에 대한 연습을 해 두자. 빠르게 계산하는 것은 생활 속에서도 여러 모로 도움이 된다.

교환법칙과 결합법칙도 유용하다

덧셈에 대한 기술이 몇 가지 더 있다. 두 개의 은행에 저축했는데 이자가 각각 296원과 317원이 붙었다. 두 이자의 합을 계산기를 두드리거나 종이를 꺼내서 계산한다는 것은 자존심 상하는 일이다. 이 정도 계산은 암산이 빠르고 편리하다. 굳이 연필을 쥐고 계산할 가치가 있을까? 암산하는 단계를 보여 주겠다.

$$296 + 317$$

$296 + 317$

$= (300 - 4) + 317$

$= 300 + 317 - 4$

$= 617 - 4$

$= 613$

이 문제는 덧셈의 교환법칙과 결합법칙을 이용했다. 296을 (300 - 4)로 바꾼 다음 - 4와 317의 순서를 바꾸어 주고(교환법칙) 300 + 317을 먼저 계산하고(결합법칙) 4를 빼 주는 방법이다.

이런 방식으로 암산하라는 뜻이지 이렇게 일일이 쓰면서 계산하라는 것은 아니다. 위에 쓴 계산 방법은 암산하는 방법을 차례대로 나열했을 뿐이다. 무조건 연습이다. 연습을 많이 해 두면 다음과 같은 경우도 암산할 수 있다.

$593 + 399$

$= (600 - 7) + (400 - 1)$

$= (600 + 400) - (7 + 1)$

$= 1000 - 8$

$= 992$

이런 과정들이 암산으로 이루어져야 한다. 오직 연습만이 길이다.

연습 문제

(1) 144 + 89 =

(2) 679 + 984 =

(3) 9389 + 5837 =

(4) 1497 + 798 =

(5) 488 + 889 =

(6) 2493 + 356 =

(7) 326 + 592 =

(8) 813 + 1002 =

(9) 3597 + 2005 =

(10) 516 + 993 =

(11) 293 + 596 =

(12) 6012 + 2097 =

(13) 1248 + 4997 =

(14) 798 + 3017 =

(15) 994 + 1296 =

풀이

(1) $144 + 89 = 144 + (100 - 11) = (144 + 100) - 11 = 244 - 11 = 233$

(2) $679 + 984 = 679 + (1000 - 16) = 679 + (1000 - 16)$

$= (679 + 1000) - 16 = 1679 - 16 = 1663$

(3) $9389 + 5837 = (10000 - 611) + 5837 = (10000 + 5837) - 611$

$= 15837 - 611 = 15226$

(4) $1497 + 798 = (1500 - 3) + (800 - 2) = (1500 + 800) - (3 + 2)$

$= 2300 - 5 = 2295$

(5) $488 + 889 = (500 - 12) + (900 - 11) = (500 + 900) - (12 + 11)$

$= 1400 - 23 = 1377$

(6) $2493 + 356 = (2500 - 7) + 356 = (2500 + 356) - 7$

$= 2856 - 7 = 2849$

(7) $326 + 592 = 326 + (600 - 8) = (326 + 600) - 8 = 926 - 8 = 918$

(8) $813 + 1002 = 813 + (1000 + 2) = (813 + 1000) + 2$

$= 1813 + 2 = 1815$

(9) $3597 + 2005 = (3600 - 3) + (2000 + 5) = (3600 + 2000) + 5 - 3$

$= 5600 + 2 = 5602$

(10) $516 + 993 = 516 + (1000 - 7) = (516 + 1000) - 7$

$= 1516 - 7 = 1509$

(11) $293 + 596 = (300 - 7) + (600 - 4) = (300 + 600) - (7 + 4)$

$= 900 - 11 = 889$

(12) $6012 + 2097 = (6000 + 12) + (2100 - 3) = (6000 + 2100) + (12 - 3)$

$= 8100 + 9 = 8109$

(13) $1248 + 4997 = 1248 + (5000 - 3) = (1248 + 5000) - 3$

$= 6248 - 3 = 6245$

(14) $798 + 3017 = (800 - 2) + 3017 = (800 + 3017) - 2$

$= 3817 - 2 = 3815$

(15) $994 + 1296 = (1000 - 6) + (1300 - 4) = (1000 + 1300) - (6 + 4)$

$= 2300 - 10 = 2290$

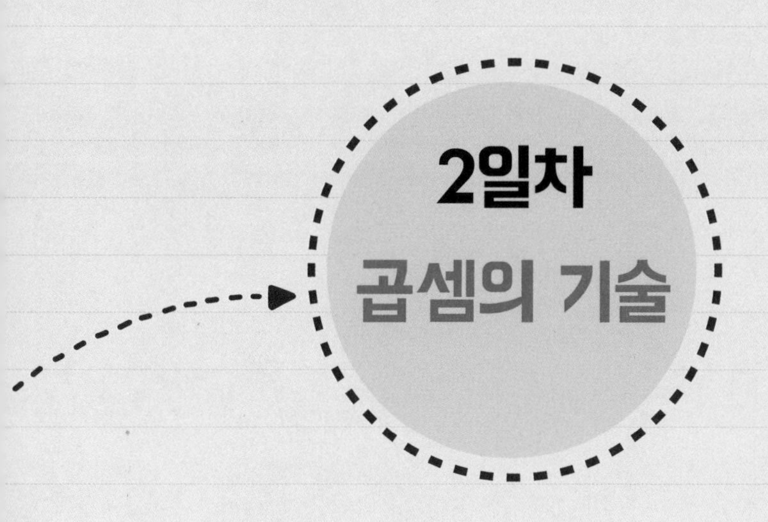

2일차

곱셈의 기술

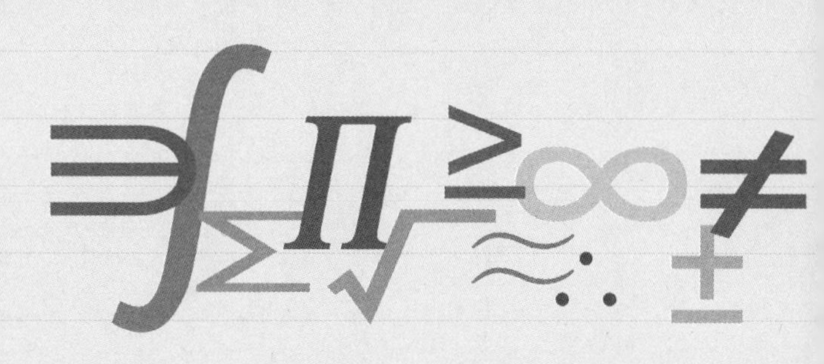

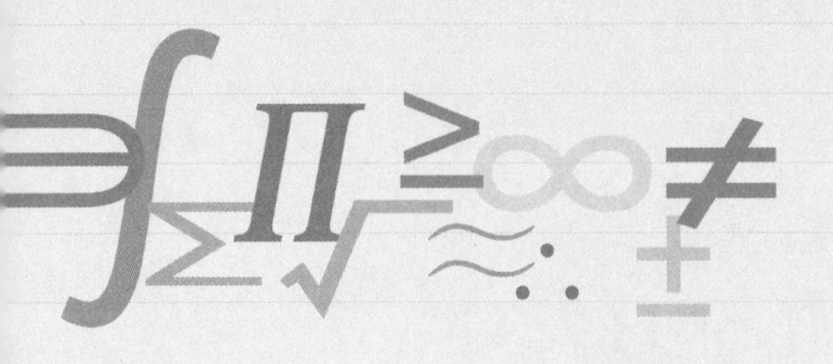

- 변형하라.
- 분배법칙을 활용하라.
- 곱셈공식을 활용하라.

생활 계산의 기술 2

곱셈의 기술

변형하라

암산을 자유자재로 하려면 덧셈과 뺄셈만으로는 부족하다. 이번 장에서는 곱셈에 대한 기술을 공부하기로 하자. 계산 실수를 막기 위해 이 기술은 반드시 필요하다.

일단 예제를 보자. 이 곱셈을 암산할 수 있을까?

$$12 \times 29$$

기존에 알던 방법으로 계산하려면 시간이 조금 필요하다. 차근차근 곱해야 하기 때문이다. 빠르게 계산하려면 이 기술을 익히기를 권한다.

곱셈 역시 암산이 가능하다.

$$12 \times 29$$
$$= 12 \times (30 - 1)$$
$$= (12 \times 30) - (12 \times 1)$$
$$= 360 - 12$$
$$= 348$$

분배법칙을 활용하라

사실 이 기술은 분배법칙을 활용한 것이다. 풀이를 보면 '아하!' 하고 생각할 것이다. 하지만 이 기술 역시 연습을 통해 암산까지의 경지에 이르느냐가 관건이다. 지금은 써 가면서 익히고, 익숙해지면 암산해 보자.

되도록이면 끝자리가 9인 수를 변형시키는 것이 계산이 빠르다. 왜 그럴까? 생각해 보자. 9는 10 - 1로 만들 수 있다. 10이나 100은 암산하기 유리한 숫자임을 본능적으로 느껴야 한다.

연습 문제

(1) $49 \times 55 =$

(2) $24 \times 19 =$

(3) $12 \times 29 =$

(4) $7 \times 119 =$

(5) $13 \times 149 =$

(6) $42 \times 39 =$

(7) $32 \times 79 =$

(8) $39 \times 85 =$

(9) $89 \times 71 =$

(10) $169 \times 23 =$

(11) $299 \times 12 =$

(12) $400 \times 39 =$

(13) $23 \times 99 =$

(14) $352 \times 49 =$

(15) $73 \times 29 =$

풀이

(1) $49 \times 55 = (50 - 1) \times 55 = 50 \times 55 - 1 \times 55 = 2750 - 55 = 2695$

(2) $24 \times 19 = 24 \times (20 - 1) = 24 \times 20 - 24 \times 1 = 480 - 24 = 456$

(3) $12 \times 29 = 12 \times (30 - 1) = 12 \times 30 - 12 \times 1 = 360 - 12 = 348$

(4) $7 \times 119 = 7 \times (120 - 1) = 7 \times 120 - 7 \times 1 = 840 - 7 = 833$

(5) $13 \times 149 = 13 \times (150 - 1) = 13 \times 150 - 13 \times 1 = 1950 - 13 = 1937$

(6) $42 \times 39 = 42 \times (40 - 1) = 42 \times 40 - 42 \times 1 = 1680 - 42 = 1638$

(7) $32 \times 79 = 32 \times (80 - 1) = 32 \times 80 - 32 \times 1 = 2560 - 32 = 2528$

(8) $39 \times 85 = (40 - 1) \times 85 = 40 \times 85 - 1 \times 85 = 3400 - 85 = 3315$

(9) $89 \times 71 = (90 - 1) \times 71 = 90 \times 71 - 1 \times 71 = 6390 - 71 = 6319$

(10) $169 \times 23 = (170 - 1) \times 23 = 170 \times 23 - 1 \times 23 = 3910 - 23 = 3887$

(11) $299 \times 12 = (300 - 1) \times 12 = 300 \times 12 - 1 \times 12 = 3600 - 12 = 3588$

(12) $400 \times 39 = 400 \times (40 - 1) = 400 \times 40 - 400 \times 1$

$= 16000 - 400 = 15600$

(13) $23 \times 99 = 23 \times (100 - 1) = 23 \times 100 - 23 \times 1 = 2300 - 23 = 2277$

(14) $352 \times 49 = 352 \times (50 - 1) = 352 \times 50 - 352 \times 1$

$= 17600 - 352 = 17248$

(15) $73 \times 29 = 73 \times (30 - 1) = 73 \times 30 - 73 \times 1 = 2190 - 73 = 2117$

반복하고 암산하라

어려운 문제만 푸는 것보다는 쉬운 문제에 변화를 주면서 흥미롭게 접근해 보자.

이번에는 더 쉬운 곱셈이지만 반복이 주는 재미를 느낄 수 있다. 아무리 쉬워도 예제 없이 문제를 풀라고 하는 것은 여러분에 대한 예의가 아니다.

42×7

$= (40 + 2) \times 7$

$= (40 \times 7) + (2 \times 7)$

$= 280 + 14$

$= 294$

어떤 이들은 이 기술을 덧셈을 이용한 곱셈이라고 자상하게 말한다. 하지만 이것 역시 앞에서 나온 곱셈의 기술인 분배법칙을 이용한 방법이다.

별것 아니지만 이 기술로 암산을 하다 보면 계산력이 엄청나게 상승한다. 손으로 풀지 말고 암산하라.

연습 문제

(1) $48 \times 4 =$

(2) $62 \times 3 =$

(3) $71 \times 9 =$

(4) $58 \times 4 =$

(5) $87 \times 5 =$

(6) $38 \times 9 =$

(7) $67 \times 8 =$

(8) $69 \times 6 =$

(9) $78 \times 9 =$

(10) $83 \times 7 =$

(11) $69 \times 8 =$

(12) $57 \times 5 =$

(13) $36 \times 8 =$

(14) $49 \times 4 =$

(15) $73 \times 9 =$

풀이

(1) $48 \times 4 = (40 + 8) \times 4 = 40 \times 4 + 8 \times 4 = 160 + 32 = 192$

(2) $62 \times 3 = (60 + 2) \times 3 = 60 \times 3 + 2 \times 3 = 180 + 6 = 186$

(3) $71 \times 9 = (70 + 1) \times 9 = 70 \times 9 + 1 \times 9 = 630 + 9 = 639$

(4) $58 \times 4 = (50 + 8) \times 4 = 50 \times 4 + 8 \times 4 = 200 + 32 = 232$

(5) $87 \times 5 = (80 + 7) \times 5 = 80 \times 5 + 7 \times 5 = 400 + 35 = 435$

(6) $38 \times 9 = (30 + 8) \times 9 = 30 \times 9 + 8 \times 9 = 270 + 72 = 342$

(7) $67 \times 8 = (60 + 7) \times 8 = 60 \times 8 + 7 \times 8 = 480 + 56 = 536$

(8) $69 \times 6 = (60 + 9) \times 6 = 60 \times 6 + 9 \times 6 = 360 + 54 = 414$

(9) $78 \times 9 = (70 + 8) \times 9 = 70 \times 9 + 8 \times 9 = 630 + 72 = 702$

(10) $83 \times 7 = (80 + 3) \times 7 = 80 \times 7 + 3 \times 7 = 560 + 21 = 581$

(11) $69 \times 8 = (60 + 9) \times 8 = 60 \times 8 + 9 \times 8 = 480 + 72 = 552$

(12) $57 \times 5 = (50 + 7) \times 5 = 50 \times 5 + 7 \times 5 = 250 + 35 = 285$

(13) $36 \times 8 = (30 + 6) \times 8 = 30 \times 8 + 6 \times 8 = 240 + 48 = 288$

(14) $49 \times 4 = (40 + 9) \times 4 = 40 \times 4 + 9 \times 4 = 160 + 36 = 196$

(15) $73 \times 9 = (70 + 3) \times 9 = 70 \times 9 + 3 \times 9 = 630 + 27 = 657$

세 자릿수 x 한 자릿수

암산은 많이 연습해야 한다. 이번에는 세 자릿수와 한 자릿수의 곱하기를 알아보자. 조금 어려워 보이지만 일단 계산하는 과정을 살펴보면 여러분이 잘 알고 있는 방법이다.

326×7

$= (300 + 20 + 6) \times 7$

$= (300 \times 7) + (20 \times 7) + (6 \times 7)$

$= 2100 + 140 + 42$

$= 2282$

세 자릿수를 분배한다. 그리고 곱한 것들을 더한다.

좀 더 연습해 보자. 평소처럼 곱셈하면 아무 소용없다. 반드시 암산으로 해 보자.

연습 문제

(1) 647 × 4 =

(2) 987 × 9 =

(3) 563 × 6 =

(4) 663 × 5 =

(5) 184 × 7 =

(6) 376 × 4 =

(7) 293 × 6 =

(8) 654 × 8 =

(9) 729 × 4 =

(10) 372 × 9 =

(11) 448 × 7 =

(12) 585 × 9 =

(13) 929 × 7 =

(14) 337 × 6 =

(15) 896 × 5 =

(16) 567 × 4 =

(17) 196 × 3 =

(18) 279 × 8 =

(19) 873 × 6 =

(20) 925 × 7 =

풀이

(1) $647 \times 4 = (600 + 40 + 7) \times 4 = 600 \times 4 + 40 \times 4 + 7 \times 4$

$= 2400 + 160 + 28 = 2588$

(2) $987 \times 9 = (900 + 80 + 7) \times 9 = 900 \times 9 + 80 \times 9 + 7 \times 9$

$= 8100 + 720 + 63 = 8883$

(3) $563 \times 6 = (500 + 60 + 3) \times 6 = 500 \times 6 + 60 \times 6 + 3 \times 6$

$= 3000 + 360 + 18 = 3378$

(4) $663 \times 5 = (600 + 60 + 3) \times 5 = 600 \times 5 + 60 \times 5 + 3 \times 5$

$= 3000 + 300 + 15 = 3315$

(5) $184 \times 7 = (100 + 80 + 4) \times 7 = 100 \times 7 + 80 \times 7 + 4 \times 7$

$= 700 + 560 + 28 = 1288$

(6) $376 \times 4 = (300 + 70 + 6) \times 4 = 300 \times 4 + 70 \times 4 + 6 \times 4$

$= 1200 + 280 + 24 = 1504$

(7) $293 \times 6 = (200 + 90 + 3) \times 6 = 200 \times 6 + 90 \times 6 + 3 \times 6$

$= 1200 + 540 + 18 = 1758$

(8) $654 \times 8 = (600 + 50 + 4) \times 8 = 600 \times 8 + 50 \times 8 + 4 \times 8$

$= 4800 + 400 + 32 = 5232$

(9) $729 \times 4 = (700 + 20 + 9) \times 4 = 700 \times 4 + 20 \times 4 + 9 \times 4$

$= 2800 + 80 + 36 = 2916$

(10) $372 \times 9 = (300 + 70 + 2) \times 9 = 300 \times 9 + 70 \times 9 + 2 \times 9$

$= 2700 + 630 + 18 = 3348$

(11) $448 \times 7 = (400 + 40 + 8) \times 7 = 400 \times 7 + 40 \times 7 + 8 \times 7$

$= 2800 + 280 + 56 = 3136$

(12) $585 \times 9 = (500 + 80 + 5) \times 9 = 500 \times 9 + 80 \times 9 + 5 \times 9$

$= 4500 + 720 + 45 = 5265$

(13) $929 \times 7 = (900 + 20 + 9) \times 7 = 900 \times 7 + 20 \times 7 + 9 \times 7$

$= 6300 + 140 + 63 = 6503$

(14) $337 \times 6 = (300 + 30 + 7) \times 6 = 300 \times 6 + 30 \times 6 + 7 \times 6$

$= 1800 + 180 + 42 = 2022$

(15) $896 \times 5 = (800 + 90 + 6) \times 5 = 800 \times 5 + 90 \times 5 + 6 \times 5$

$= 4000 + 450 + 30 = 4480$

(16) $567 \times 4 = (500 + 60 + 7) \times 4 = 500 \times 4 + 60 \times 4 + 7 \times 4$

$= 2000 + 240 + 28 = 2268$

(17) $196 \times 3 = (100 + 90 + 6) \times 3 = 100 \times 3 + 90 \times 3 + 6 \times 3$

$= 300 + 270 + 18 = 588$

(18) $279 \times 8 = (200 + 70 + 9) \times 8 = 200 \times 8 + 70 \times 8 + 9 \times 8$

$= 1600 + 560 + 72 = 2232$

(19) $873 \times 6 = (800 + 70 + 3) \times 6 = 800 \times 6 + 70 \times 6 + 3 \times 6$

$= 4800 + 420 + 18 = 5238$

(20) $925 \times 7 = (900 + 20 + 5) \times 7 = 900 \times 7 + 20 \times 7 + 5 \times 7$

$= 6300 + 140 + 35 = 6475$

인도 베다 수학, 곱셈공식의 활용

이번에는 신기해 보이는 인도 베다 수학의 원리를 하나 소개하겠다. 자세히 보면 곱셈공식의 활용이었음을 알 수 있다.

$$22 \times 82$$

이 곱셈에는 2가지 특징이 있다.

① 각각의 십의 자리 수 2와 8을 더하면 10이 된다.

② 또한 두 수의 일의 자리 수가 2로 똑같다.

이런 경우에 특별한 방법으로 곱셈할 수 있다.

$$\begin{array}{r} 22 \\ \times\ 82 \\ \hline \Rightarrow\ 2 \times 8 + 2 = 18 \\ 2 \times 2 = 04 \\ \hline \Rightarrow\ 18 + 04 \Rightarrow 1804 \end{array}$$

↳ 덧셈이 아니라 붙인다는 뜻

조금 어렵다.

다음 예제를 보면서 정리해 보자.

$$35 \times 75$$

① 십의 자리 수끼리 곱한다.

② ①의 수에 일의 자리 수인 5를 더한다.

⇨ $21 + 5 = 26$

③ 일의 자리 수끼리 곱한다.

⇨ $5 \times 5 = 25$

④ ②에서 나온 수와 ③에서 나온 수를 순서대로 붙여 쓴다.

⇨ 2625 (정답)

이 원리를 문자와 곱셈공식을 이용하여 일반화시켜 보겠다.

$A + B = 10$

$(10A + C) \times (10B + C)$

$= 100AB + 10(A + B)C + C^2$

$= 100AB + 100C + C^2$

$= 100(AB + C) + C^2$

인도 베다 수학의 원리도 알고 보면 우리가 배웠던 것이다.

이제 다음 장부터는 인수분해와 연관된 곱셈을 알아보자. 물론 이번 장 마지막에 살짝 맛봤던 그 느낌 그대로다.

연습 문제

(1) $58 \times 58 =$

(2) $47 \times 67 =$

(3) $89 \times 29 =$

(4) $65 \times 45 =$

(5) $93 \times 13 =$

(6) $72 \times 32 =$

(7) $59 \times 59 =$

(8) $74 \times 34 =$

(9) $27 \times 87 =$

(10) $63 \times 43 =$

(11) $28 \times 88 =$

(12) $96 \times 16 =$

(13) $42 \times 62 =$

(14) $85 \times 25 =$

(15) $49 \times 69 =$

풀이

(1) $58 \times 58 \Rightarrow 5 \times 5 + 8 = 33,\ 8 \times 8 = 64 \Rightarrow 3364$ (정답)

(2) $47 \times 67 \Rightarrow 4 \times 6 + 7 = 31,\ 7 \times 7 = 49 \Rightarrow 3149$ (정답)

(3) $89 \times 29 \Rightarrow 8 \times 2 + 9 = 25,\ 9 \times 9 = 81 \Rightarrow 2581$ (정답)

(4) $65 \times 45 \Rightarrow 6 \times 4 + 5 = 29,\ 5 \times 5 = 25 \Rightarrow 2925$ (정답)

(5) $93 \times 13 \Rightarrow 9 \times 1 + 3 = 12,\ 3 \times 3 = 9 \Rightarrow 1209$ (정답) 9가 한 자릿수이므로 12와 9 사이에 0을 써 준다.

(6) $72 \times 32 \Rightarrow 7 \times 3 + 2 = 23,\ 2 \times 2 = 4 \Rightarrow 2304$ (정답) 4가 한 자릿수이므로 23과 4 사이에 0을 써 준다.

(7) $59 \times 59 \Rightarrow 5 \times 5 + 9 = 34,\ 9 \times 9 = 81 \Rightarrow 3481$ (정답)

(8) $74 \times 34 \Rightarrow 7 \times 3 + 4 = 25,\ 4 \times 4 = 16 \Rightarrow 2516$ (정답)

(9) $27 \times 87 \Rightarrow 2 \times 8 + 7 = 23,\ 7 \times 7 = 49 \Rightarrow 2349$ (정답)

(10) $63 \times 43 \Rightarrow 6 \times 4 + 3 = 27,\ 3 \times 3 = 9 \Rightarrow 2709$ (정답) 9가 한 자릿수이므로 27과 9 사이에 0을 써 준다.

(11) $28 \times 88 \Rightarrow 2 \times 8 + 8 = 24,\ 8 \times 8 = 64 \Rightarrow 2464$ (정답)

(12) $96 \times 16 \Rightarrow 9 \times 1 + 6 = 15,\ 6 \times 6 = 36 \Rightarrow 1536$ (정답)

(13) $42 \times 62 \Rightarrow 4 \times 6 + 2 = 26,\ 2 \times 2 = 4 \Rightarrow 2604$ (정답) 4가 한 자릿수이므로 26과 4 사이에 0을 써 준다.

(14) $85 \times 25 \Rightarrow 8 \times 2 + 5 = 21,\ 5 \times 5 = 25 \Rightarrow 2125$ (정답)

(15) $49 \times 69 \Rightarrow 4 \times 6 + 9 = 33,\ 9 \times 9 = 81 \Rightarrow 3381$ (정답)

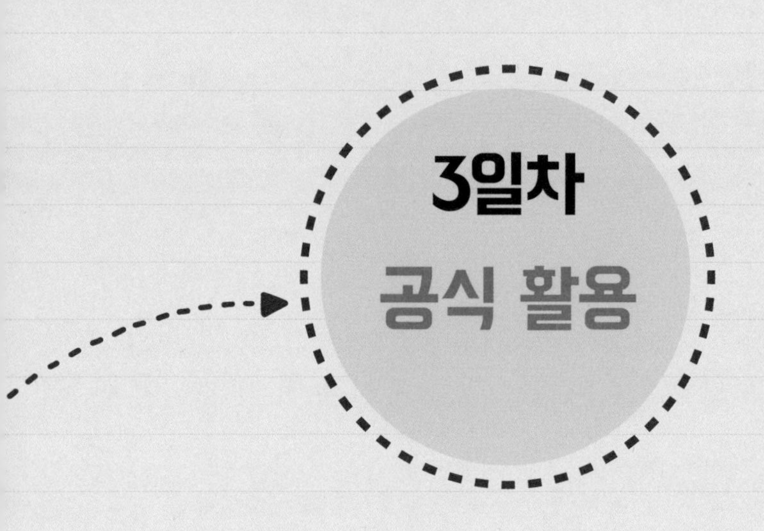
3일차
공식 활용

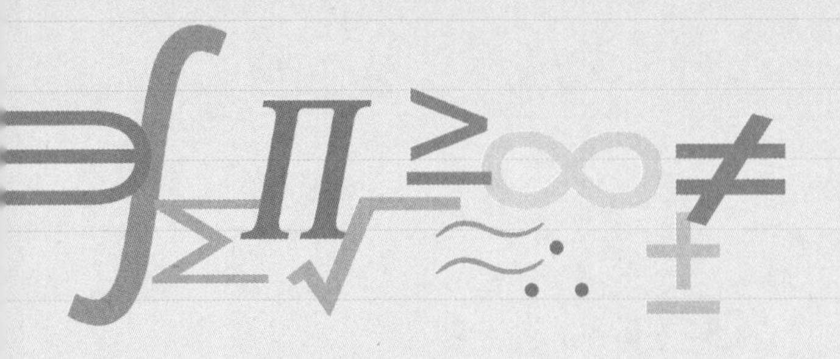

- 인수분해를 활용하라.
- 곱셈공식을 활용하라.
- 완전제곱수를 활용하라.

생활 계산의 기술 3

공식 활용

계산이 화려해진다

인도 베다 수학과 일본식 암산법은 모두 수학의 곱셈공식과 인수분해를 활용한 것이다. 물론 특별한 경우에 한해서만 공식을 적용할 수 있다. 하지만 그 특별한 경우에는 계산이 화려하고 아름답기까지 하다.

예를 들어 43 × 47의 경우를 보자. 십의 자리 수가 4로 같고 일의 자리 수의 합이 10이 될 경우 특별한 공식을 쓸 수 있다.

43 × 47

⇨ 4 × (4 + 1) = 20

⇨ 3 × 7 = 21

⇨ 2021 (정답)

인수분해 활용하기

이런 계산을 처음 보는 사람은 '아하!' 하겠지만, 모든 경우에 해당되는 것이 아니라 특수한 상황에서만 적용할 수 있다. 이런 상황을 빠르게 관찰할 수 있는 것도 수학 공부에 도움이 될 것이다. 놀라운 계산법의 비밀은 결국 인수분해의 활용이다.

숫자를 풀어서 계산해 보자.

$(40 + 3) \times (40 + 7)$

$= 40^2 + 40 \times 7 + 40 \times 3 + 3 \times 7$

$= 1600 + 40 \times (7 + 3) + 21$

$= 1600 + 400 + 21$

$= 2021$

$A = 4, B = 3, C = 7$이라고 하고 다시 증명해 보자.

$B + C = 10$이다.

$(10A + B) \times (10A + C)$

$= 100A^2 + 10A(B + C) + BC$

$= 100A^2 + 100A + BC$

$= 100A(A + 1) + BC$

헷갈리는가? 더 연습해 보자.

$$74 \times 76$$

① 십의 자리 7과 7에 1을 더한 수를 곱한다.

⇨ $7 \times 8 = 56$

② 일의 자리 수인 4와 6을 곱한다.

⇨ $4 \times 6 = 24$

③ 앞의 ①과 ②에서 나온 수를 순서대로 붙여 쓴다.

⇨ 5624 (정답)

연습하면 암산으로 답을 구할 수 있을 것이다.

연습 문제

(1) $67 \times 63 =$

(2) $27 \times 23 =$

(3) $82 \times 88 =$

(4) $65 \times 65 =$

(5) $89 \times 81 =$

(6) $108 \times 102 =$

(7) $156 \times 154 =$

(8) $104 \times 106 =$

(9) $34 \times 36 =$

(10) $58 \times 52 =$

(11) $94 \times 96 =$

(12) $95 \times 95 =$

(13) $59 \times 51 =$

(14) $21 \times 29 =$

(15) $44 \times 46 =$

풀이

(1) $67 \times 63 \Rightarrow 6 \times 7 = 42,\ 7 \times 3 = 21 \Rightarrow 4221$ (정답)

(2) $27 \times 23 \Rightarrow 2 \times 3 = 6,\ 7 \times 3 = 21 \Rightarrow 621$ (정답)

(3) $82 \times 88 \Rightarrow 8 \times 9 = 72,\ 2 \times 8 = 16 \Rightarrow 7216$ (정답)

(4) $65 \times 65 \Rightarrow 6 \times 7 = 42,\ 5 \times 5 = 25 \Rightarrow 4225$ (정답)

(5) $89 \times 81 \Rightarrow 8 \times 9 = 72,\ 9 \times 1 = 9 \Rightarrow 7209$ (정답) 9가 한 자릿수이므로 72와 9 사이에 0을 써 준다.

(6) $108 \times 102 \Rightarrow 10 \times 11 = 110,\ 8 \times 2 = 16 \Rightarrow 11016$ (정답)

(7) $156 \times 154 \Rightarrow 15 \times 16 = 240,\ 6 \times 4 = 24 \Rightarrow 24024$ (정답)

(8) $104 \times 106 \Rightarrow 10 \times 11 = 110,\ 4 \times 6 = 24 \Rightarrow 11024$ (정답)

(9) $34 \times 36 \Rightarrow 3 \times 4 = 12,\ 4 \times 6 = 24 \Rightarrow 1224$ (정답)

(10) $58 \times 52 \Rightarrow 5 \times 6 = 30,\ 8 \times 2 = 16 \Rightarrow 3016$ (정답)

(11) $94 \times 96 \Rightarrow 9 \times 10 = 90,\ 4 \times 6 = 24 \Rightarrow 9024$ (정답)

(12) $95 \times 95 \Rightarrow 9 \times 10 = 90,\ 5 \times 5 = 25 \Rightarrow 9025$ (정답)

(13) $59 \times 51 \Rightarrow 5 \times 6 = 30,\ 9 \times 1 = 9 \Rightarrow 3009$ (정답) 9가 한 자릿수이므로 30과 9 사이에 0을 써 준다.

(14) $21 \times 29 \Rightarrow 2 \times 3 = 6,\ 9 \times 1 = 9 \Rightarrow 609$ (정답) 9가 한 자릿수이므로 6과 9 사이에 0을 써 준다.

(15) $44 \times 46 \Rightarrow 4 \times 5 = 20,\ 4 \times 6 = 24 \Rightarrow 2024$ (정답)

곱셈공식 활용하기

곱셈공식을 활용하는 또 다른 방법이 있다. 곱하는 두 수의 크기가 거의 비슷하면 사용하는 기술이다. 일명 합차공식이다.

$$47 \times 53$$

잠깐! 일단 계산하지 말고 두 수에서 찾을 수 있는 특징을 먼저 보자. 47과 53은 두 수의 크기 차이가 작다. 또 뭐가 있을까? 일의 자리 수의 합이 10이 된다. 곱셈이든 덧셈이든 더해서 10이 나온다면 뭔가 있는 것이다. 우리는 10진법 세상에서 살고 있으니까.

이제 본격적인 기술을 살펴보자.

47×53

$= (50 - 3) \times (50 + 3)$ ⇦ 합차공식!

$= 50^2 - 3^2$

$= 2500 - 9$

$= 2491$

이 방법은 간단하고 쉽다. 연습 문제를 풀어 보자.

연습 문제

(1) $48 \times 52 =$

(2) $25 \times 35 =$

(3) $74 \times 86 =$

(4) $104 \times 96 =$

(5) $67 \times 73 =$

(6) $17 \times 23 =$

(7) $46 \times 54 =$

(8) $89 \times 91 =$

(9) $202 \times 198 =$

(10) $58 \times 62 =$

(11) $76 \times 64 =$

(12) $108 \times 92 =$

(13) $35 \times 45 =$

(14) $62 \times 58 =$

(15) $19 \times 21 =$

(16) $47 \times 53 =$

(17) $39 \times 41 =$

(18) $85 \times 95 =$

(19) $101 \times 99 =$

(20) $78 \times 82 =$

풀이

(1) $48 \times 52 = (50 - 2)(50 + 2) = 50^2 - 2^2 = 2500 - 4 = 2496$

(2) $25 \times 35 = (30 - 5)(30 + 5) = 30^2 - 5^2 = 900 - 25 = 875$

(3) $74 \times 86 = (80 - 6)(80 + 6) = 80^2 - 6^2 = 6400 - 36 = 6364$

(4) $104 \times 96 = (100 + 4)(100 - 4) = 100^2 - 4^2 = 10000 - 16 = 9984$

(5) $67 \times 73 = (70 - 3)(70 + 3) = 70^2 - 3^2 = 4900 - 9 = 4891$

(6) $17 \times 23 = (20 - 3)(20 + 3) = 20^2 - 3^2 = 400 - 9 = 391$

(7) $46 \times 54 = (50 - 4)(50 + 4) = 50^2 - 4^2 = 2500 - 16 = 2484$

(8) $89 \times 91 = (90 - 1)(90 + 1) = 90^2 - 1^2 = 8100 - 1 = 8099$

(9) $202 \times 198 = (200 + 2)(200 - 2) = 200^2 - 2^2 = 40000 - 4 = 39996$

(10) $58 \times 62 = (60 - 2)(60 + 2) = 60^2 - 2^2 = 3600 - 4 = 3596$

(11) $76 \times 64 = (70 + 6)(70 - 6) = 70^2 - 6^2 = 4900 - 36 = 4864$

(12) $108 \times 92 = (100 + 8)(100 - 8) = 100^2 - 8^2 = 10000 - 64 = 9936$

(13) $35 \times 45 = (40 - 5)(40 + 5) = 40^2 - 5^2 = 1600 - 25 = 1575$

(14) $62 \times 58 = (60 + 2)(60 - 2) = 60^2 - 2^2 = 3600 - 4 = 3596$

(15) $19 \times 21 = (20 - 1)(20 + 1) = 20^2 - 1^2 = 400 - 1 = 399$

(16) $47 \times 53 = (50 - 3)(50 + 3) = 50^2 - 3^2 = 2500 - 9 = 2491$

(17) $39 \times 41 = (40 - 1)(40 + 1) = 40^2 - 1^2 = 1600 - 1 = 1599$

(18) $85 \times 95 = (90 - 5)(90 + 5) = 90^2 - 5^2 = 8100 - 25 = 8075$

(19) $101 \times 99 = (100 + 1)(100 - 1) = 100^2 - 1^2 = 10000 - 1 = 9999$

(20) $78 \times 82 = (80 - 2)(80 + 2) = 80^2 - 2^2 = 6400 - 4 = 6396$

완전제곱수 활용하기

완전제곱수를 이용하면 계산이 더욱 빨라진다. 완전제곱수란 정수의 제곱으로 이루어진 수를 말하는데, 예를 들어 4는 2^2이고, 9는 3^2이므로 둘 다 완전제곱수이다.

이제부터 우리가 다루려고 하는 계산법은 완전제곱수에서 발생하는 비법이다. 일단 일의 자리 수가 0이 되게 하면 계산은 쉬워진다.

예를 들어 보자.

$$13^2 \quad \nearrow 13+3 \Rightarrow 16 \searrow \quad \searrow 13-3 \Rightarrow 10 \nearrow \quad 160 + 3^2 = 169$$

자세히 정리해 보면 13에서 3이 빠지면 10이 된다. 일의 자리에 0이 오면 계산이 쉬워지는 원리를 이용한 것이다. 3을 뺀 만큼 3을 더해 주는 것은 당연하다. 그래서 계산 결과는 3의 제곱만큼 차이가 나게 되므로 3을 제곱해서 더해 줘야 한다.

문자를 이용한 식으로 증명해 보자.

$$(a+b)(a-b) = a^2 - b^2 \quad \Leftarrow \quad a^2\text{을 중심으로 이항!}$$

$$a^2 = (a+b)(a-b) + b^2 \quad \Leftarrow \quad \text{공식 탄생!}$$

예제와 함께 다시 정리해 보자.

57^2

① 57에 끝자리가 0이 되도록 하는 3을 더한다.

⇨ $57 + 3 = 60$

② ①에서 더한 수를 57에서 빼 준다.

⇨ $57 - 3 = 54$

③ 앞의 ①과 ②에서 더하고 뺀 숫자 3을 제곱한다.

⇨ $3^2 = 9$

④ ①에서 나온 수와 ②에서 나온 수를 곱하고, ③에서 나온 수를 더하면 답이 나온다.

⇨ $60 \times 54 + 9 = 3249$(정답)

합차공식을 이용한 변형이었다. 연습해 보자.

연습 문제

(1) $27^2 =$

(2) $65^2 =$

(3) $89^2 =$

(4) $17^2 =$

(5) $21^2 =$

(6) $64^2 =$

(7) $55^2 =$

(8) $101^2 =$

(9) $49^2 =$

(10) $36^2 =$

(11) $98^2 =$

(12) $103^2 =$

풀이

(1) $27^2 = (27+3)(27-3) + 3^2 = 30 \times 24 + 9 = 729$

(2) $65^2 = (65+5)(65-5) + 5^2 = 70 \times 60 + 25 = 4225$

(3) $89^2 = (89+1)(89-1) + 1^2 = 90 \times 88 + 1 = 7921$

(4) $17^2 = (17+3)(17-3) + 3^2 = 20 \times 14 + 9 = 289$

(5) $21^2 = (21-1)(21+1) + 1^2 = 20 \times 22 + 1 = 441$

(6) $64^2 = (64-4)(64+4) + 4^2 = 60 \times 68 + 16 = 4096$

(7) $55^2 = (55+5)(55-5) + 5^2 = 60 \times 50 + 25 = 3025$

(8) $101^2 = (101-1)(101+1) + 1^2 = 100 \times 102 + 1 = 10201$

(9) $49^2 = (49+1)(49-1) + 1^2 = 50 \times 48 + 1 = 2401$

(10) $36^2 = (36+4)(36-4) + 4^2 = 40 \times 32 + 16 = 1296$

(11) $98^2 = (98+2)(98-2) + 2^2 = 100 \times 96 + 4 = 9604$

(12) $103^2 = (103-3)(103+3) + 3^2 = 100 \times 106 + 9 = 10609$

4일차

배수 활용

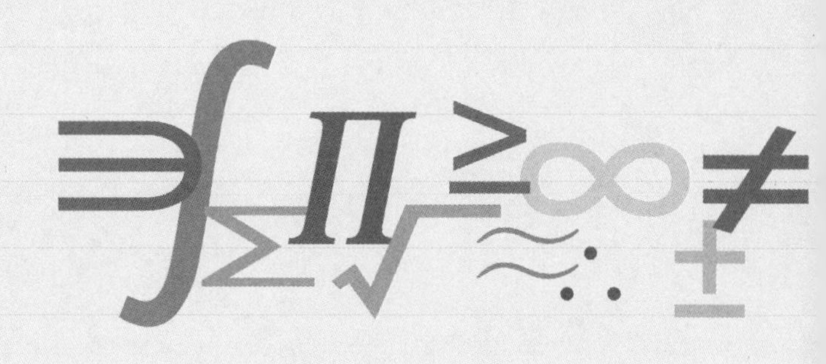

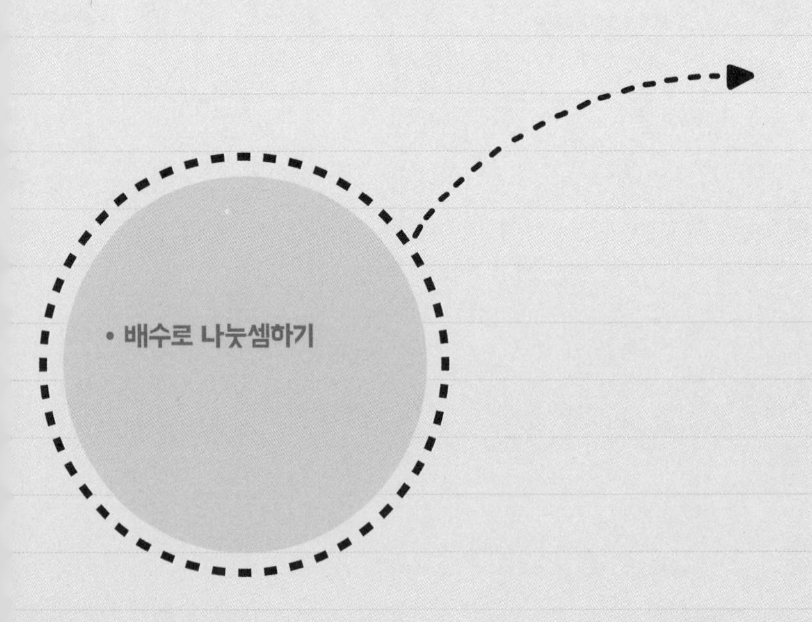
• 배수로 나눗셈하기

생활 계산의 기술 4

배수 활용

n분의 1 쉽게 계산하기

식당에서 9명이 밥을 먹었는데 총금액이 67,590원 나왔다. 9로 나누어질까? 스마트폰에서 계산기 메뉴를 찾기 전에 빠르게 암산해 보자. 67,590은 9로 나누어떨어지는 9의 배수이다. 어떻게 금방 알 수 있을까? 각 자리의 숫자를 더해서 9의 배수가 되면 그 수 역시 9의 배수가 된다.

$$6 + 7 + 5 + 9 + 0 = 27$$

27은 9의 배수니까 67,590도 9의 배수이다. 이것이 배수판정법이다. 그렇다면 9의 배수뿐만 아니라 다른 수의 배수는 어떻게 알 수 있는지 배수판정법을 공부해 보자.

배수판정법

일의 자리 수가 0 또는 2의 배수이면 2의 배수이다. 2의 배수는 짝수이기도 하다. 비교적 쉬운 편이다. 하지만 문자로 증명해 보자.

$$233d = (233 \times 10) + d = (233 \times 2 \times 5) + d$$

233 × 10은 2의 배수이므로 일의 자리 수 d만 2의 배수이면 $233d$는 2의 배수이다. 그래서 2의 배수는 끝자리 수만 0이거나 2의 배수이면 된다.

3의 배수는 앞에서 배운 9의 배수처럼 각 자리의 숫자의 합이 3의 배수이면 3으로 나누어떨어지는 3의 배수이다. 3의 배수를 어떻게 각 자리 수의 합으로 판단할 수 있는지 증명해 보자.

$$\begin{aligned} &abcd \\ &= a \times 1000 + b \times 100 + c \times 10 + d \\ &= a \times (999 + 1) + b \times (99 + 1) + c \times (9 + 1) + d \\ &= (a \times 999 + b \times 99 + c \times 9) + a + b + c + d \end{aligned}$$

$(a \times 999 + b \times 99 + c \times 9)$은 3으로 나누어떨어지므로 $a + b + c + d$만 3으로 나누어떨어지면 3의 배수가 된다.

4의 배수는 5의 배수와 비슷한데 차이는 끝 두 자리 수가 00 또는 4의 배수이면 4의 배수이다. 예를 들어 끝 두 자리가 00인 100, 200, 300은 모두 4로 나누어떨어진다. 그리고 끝 두 자리가 4의 배수인 128, 236도 모두 4로 나누어떨어지므로 4의 배수다.

5의 배수는 일의 자리 수가 0 또는 5이면 5의 배수이다.

6의 배수는 2의 배수이면서 동시에 3의 배수이면 된다. 쉬우면서 재미있다.

8의 배수가 멋있다. 끝 세 자리 수가 8의 배수이면 8의 배수이다. 이것은 식으로 증명해 보자.

$$abcde$$
$$= ab \times 1000 + cde$$
$$= (ab \times 8 \times 125) + cde$$

$(ab \times 8 \times 125)$이 8의 배수이므로 cde만 8의 배수이면 전체가 8의 배수이다. 그러니 끝 세 자리 수만 보면 된다.

9의 배수는 3의 배수와 비슷하다. 각 자리 숫자의 합이 9의 배수이면 9의 배수이다.

아주 특별한 11의 배수에 대해서도 알아보자. 11의 배수는 각 자리의 수를 순서대로 빼고 더하고를 반복해 그 결과가 0이거나 11의 배수이면 11의 배수이다. 실제로 계산해 보면 쉽게 이해된다.

423456

⇨ (4 - 2) + (3 - 4) + (5 - 6)

= 2 - 1 - 1

= 0

그 결과가 0이므로 11의 배수이다.

연습 문제

다음 자연수가 [ ] 안의 수의 배수가 되도록 □ 안에 알맞은 자연수를 모두 구하여라. (단, 0이 가능할 경우 정답에 0도 포함시켜라.)

(1) 2□5 [3]

(2) 71□ [4]

(3) 79□ [5]

(4) 44□ [6]

(5) 89□ [9]

(6) 61□ [2]

(7) 381□ [8]

(8) 630□ [11]

풀이

(1) 2, 5, 8

(2) 2, 6

(3) 0, 5

(4) 4

(5) 1

(6) 0, 2, 4, 6, 8

(7) 6

(8) 3

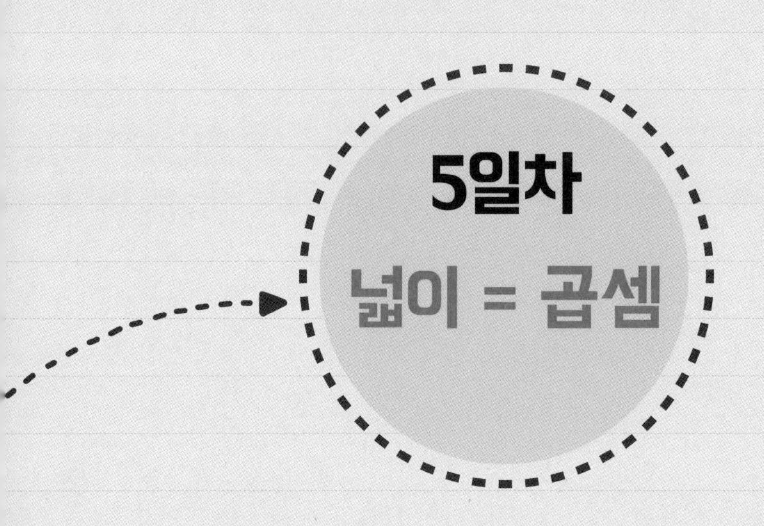

5일차

넓이 = 곱셈

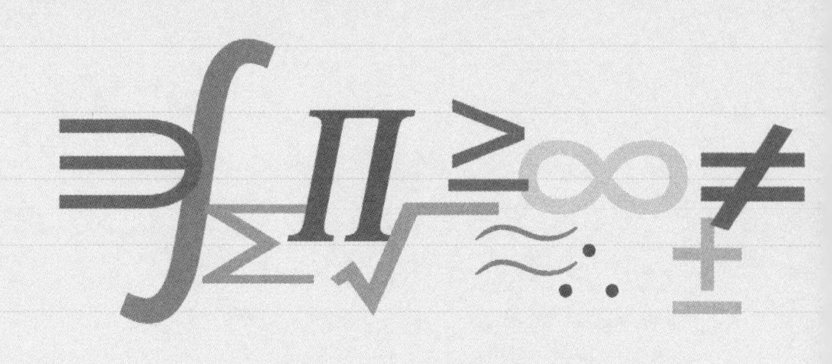

- 사각형을 그려라.
- 넓이로 곱셈 암산하기

생활 계산의 기술 5

넓이 = 곱셈

그려 보면 쉬워진다

두 자릿수 × 두 자릿수 곱셈을 넓이를 이용하여 계산할 수 있다. 마치 화가가 캔버스에 선을 긋는 것 같다. 비교적 많이 알려진 방법이다. 아래 식을 넓이를 이용해 곱셈해 보자.

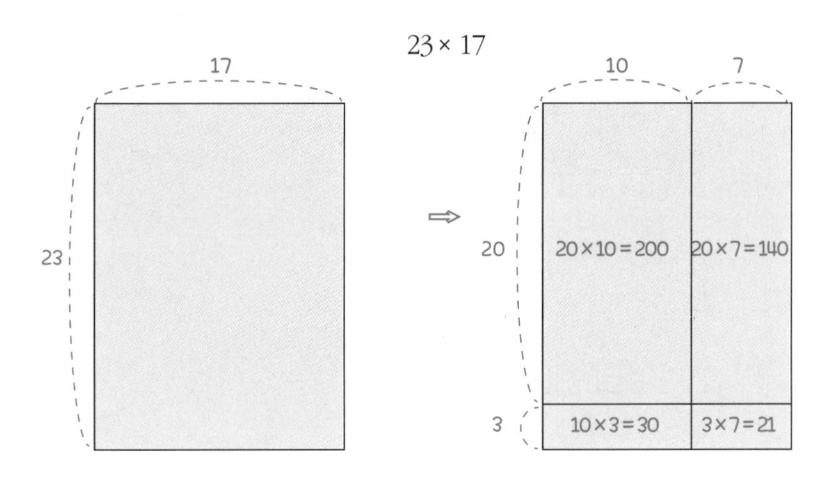

200 + 140 + 30 + 21 = 391

아무래도 암산에는 곱셈보다 덧셈이 훨씬 도움이 된다. 익숙해질 때까지는 사각형을 그려 보며 익히길 권한다. 계산이 빨라지려면 역시 연습이 필요하다.

연습 문제

(1) 11 × 12 =

(2) 13 × 15 =

(3) 27 × 14 =

(4) 31 × 41 =

풀이

(1)

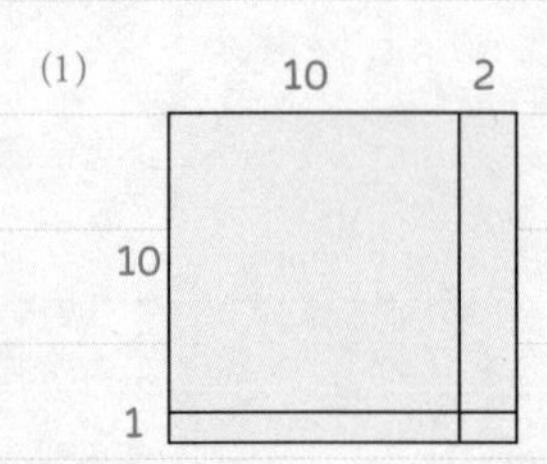

100 + 20 + 10 + 2 = 132

(2)

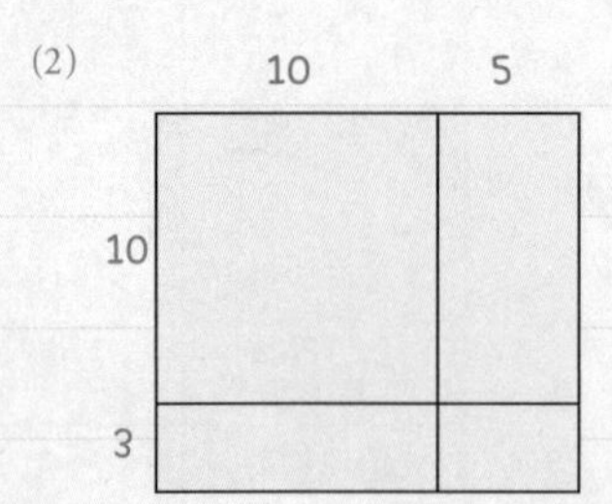

100 + 50 + 30 + 15 = 195

(3)

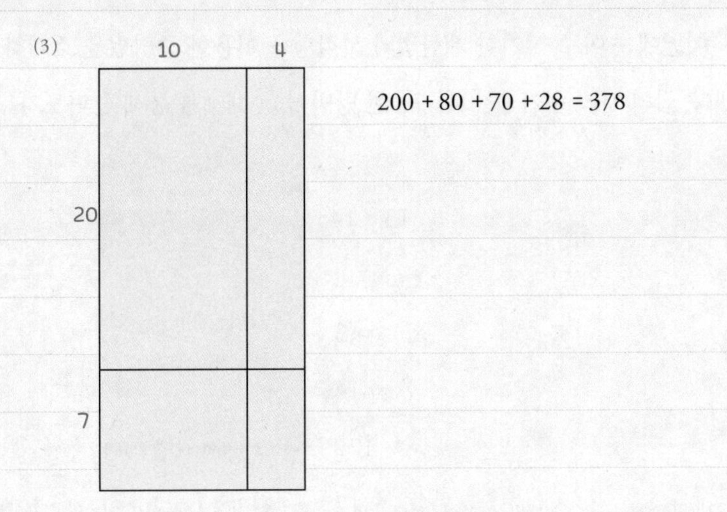

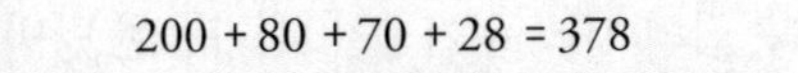

(4)

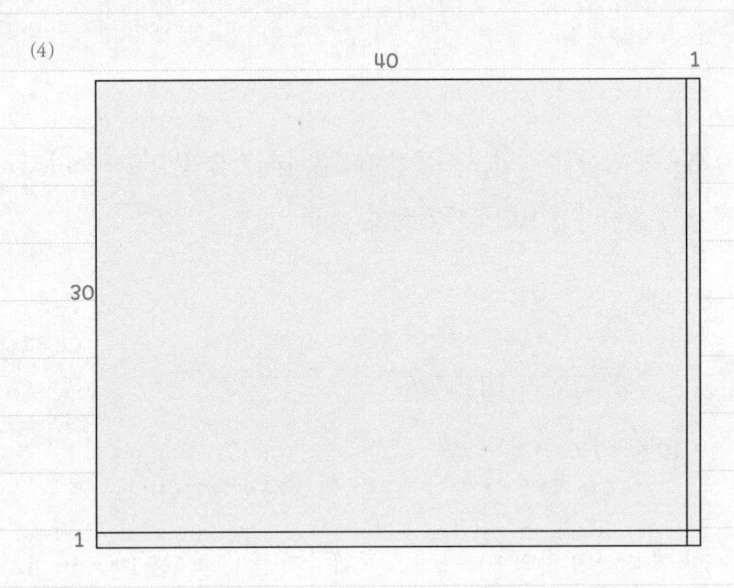

1200 + 30 + 40 + 1 = 1271

이번에는 아주 신기한 계산법과 사각형을 이용한 증명법을 소개하겠다. 십의 자리 수가 1일 때 가능한 방법이다. 예제를 통해 살펴보자.

$$13 \times 14$$

```
      13
   × 14
   ------
 ⇒ 170   ← 13 + 4에서 0을 하나 추가
   + 12   ← 3 × 4 = 12 (일의 자리 수끼리 곱하기)
   ------
    182
```

이렇게 암산할 수 있는 이론적 배경을 수학적으로 증명해 보자.

두 수를 $10 + a$, $10 + b$라고 하자.

$(10 + a) \times (10 + b)$

$= 10 \times 10 + 10a + 10b + ab$

$= 10 \times (10 + a + b) + ab$

↳ 0을 하나 추가한 이유 ↳ 3 × 4 = 12 (일의 자리 수끼리 곱하기)

한 번 더 설명하면 $10 + a + b$는 위의 계산 13 + 4를 10 + 3 + 4로 쓴다고 생각하면 된다. 이제 넓이를 이용해서 다시 증명해 보겠다.

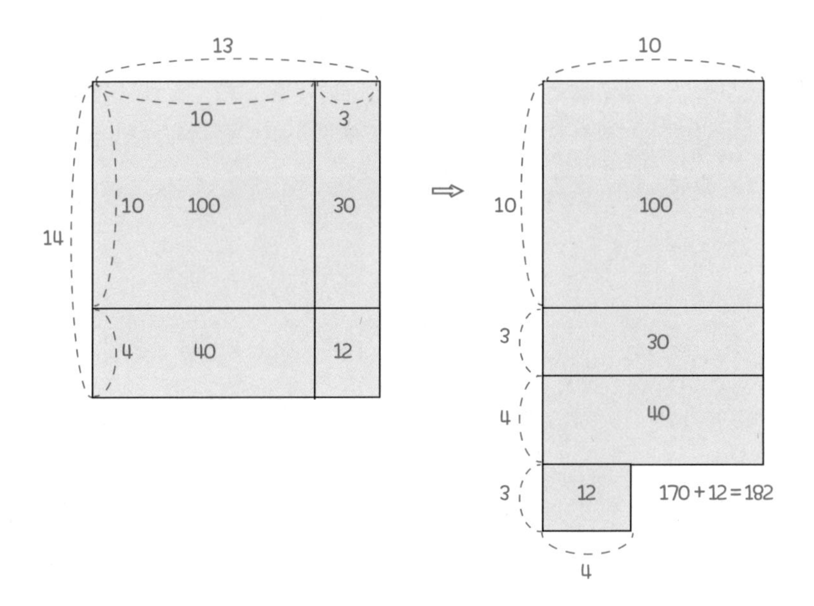

연습 문제

(1) $15 \times 17 =$

(2) $16 \times 18 =$

(3) $17 \times 14 =$

(4) $18 \times 13 =$

(5) $19 \times 14 =$

(6) $19 \times 18 =$

(7) $12 \times 15 =$

(8) $15 \times 19 =$

(9) $13 \times 19 =$

(10) $16 \times 17 =$

풀이

(1) 15×17 ⇨ $15+7$에 0을 붙이는데, 그것은 $15+7$에 10을 곱하는 것을 말한다. 따라서 $(15+7) \times 10 = 220$, 여기에 5×7을 더해 주면 정답은 255이다.

(2) $16 \times 18 = (16+8) \times 10 + 6 \times 8 = 288$

(3) $17 \times 14 = (17+4) \times 10 + 7 \times 4 = 238$

(4) $18 \times 13 = (18+3) \times 10 + 8 \times 3 = 234$

(5) $19 \times 14 = (19+4) \times 10 + 9 \times 4 = 266$

(6) $19 \times 18 = (19+8) \times 10 + 9 \times 8 = 342$

(7) $12 \times 15 = (12+5) \times 10 + 2 \times 5 = 180$

(8) $15 \times 19 = (15+9) \times 10 + 5 \times 9 = 285$

(9) $13 \times 19 = (13+9) \times 10 + 3 \times 9 = 247$

(10) $16 \times 17 = (16+7) \times 10 + 6 \times 7 = 272$

사각형의 힘을 좀 더 살펴보자.

$$22 \times 18$$

이 곱셈을 유심히 살펴보면 18과 22의 가운데는 20이다. 20에서 22는 2만큼 더 크고 18은 2만큼 더 작다. 계산 결과는 396이다.

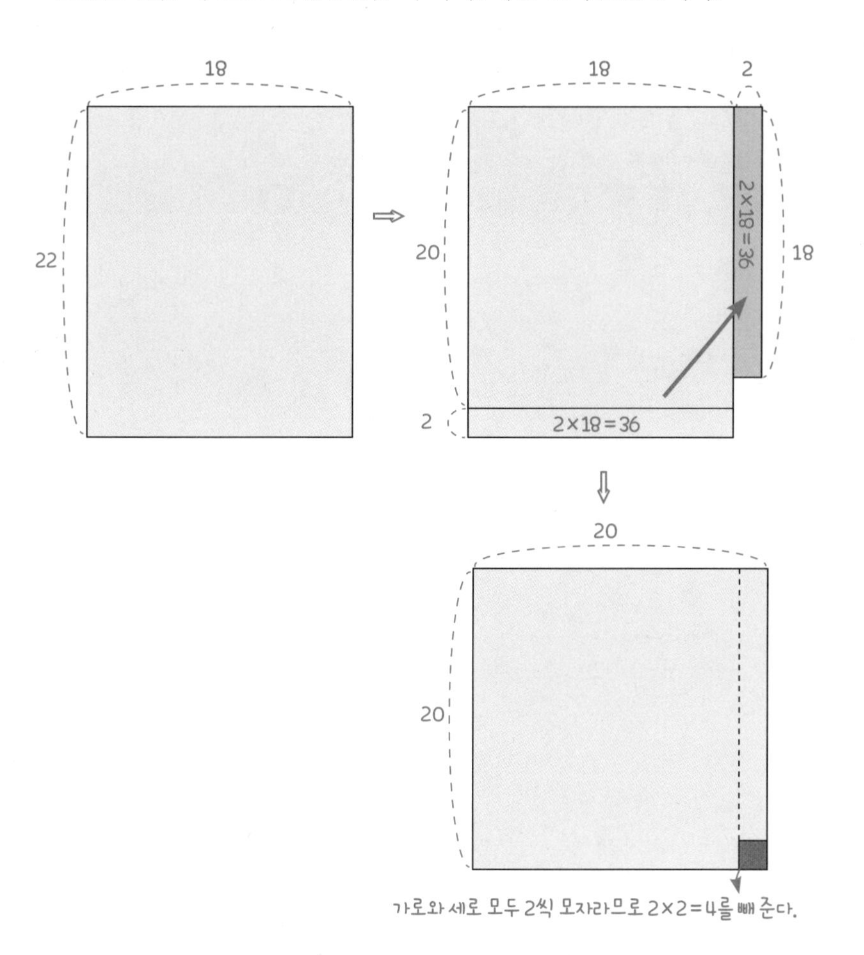

연습 문제

(1) $53 \times 47 =$

(2) $38 \times 42 =$

(3) $31 \times 29 =$

(4) $17 \times 23 =$

(5) $58 \times 62 =$

(6) $27 \times 33 =$

(7) $83 \times 77 =$

(8) $46 \times 54 =$

(9) $19 \times 21 =$

(10) $65 \times 75 =$

풀이

(1) $53 \times 47 = (50+3)(50-3) = 50^2 - 3^2 = 2500 - 9 = 2491$

(2) $38 \times 42 = (40-2)(40+2) = 40^2 - 2^2 = 1600 - 4 = 1596$

(3) $31 \times 29 = (30+1)(30-1) = 30^2 - 1^2 = 900 - 1 = 899$

(4) $17 \times 23 = (20-3)(20+3) = 20^2 - 3^2 = 400 - 9 = 391$

(5) $58 \times 62 = (60-2)(60+2) = 60^2 - 2^2 = 3600 - 4 = 3596$

(6) $27 \times 33 = (30-3)(30+3) = 30^2 - 3^2 = 900 - 9 = 891$

(7) $83 \times 77 = (80+3)(80-3) = 80^2 - 3^2 = 6400 - 9 = 6391$

(8) $46 \times 54 = (50-4)(50+4) = 50^2 - 4^2 = 2500 - 16 = 2484$

(9) $19 \times 21 = (20-1)(20+1) = 20^2 - 1^2 = 400 - 1 = 399$

(10) $65 \times 75 = (70-5)(70+5) = 70^2 - 5^2 = 4900 - 25 = 4875$

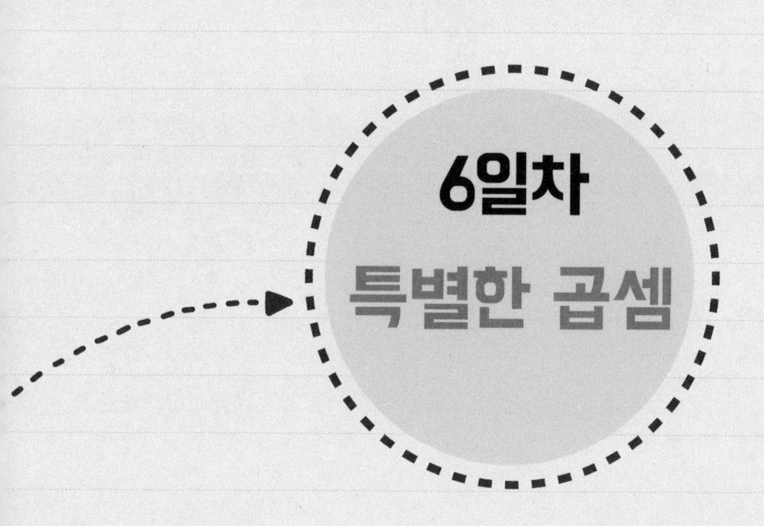

6일차 특별한 곱셈

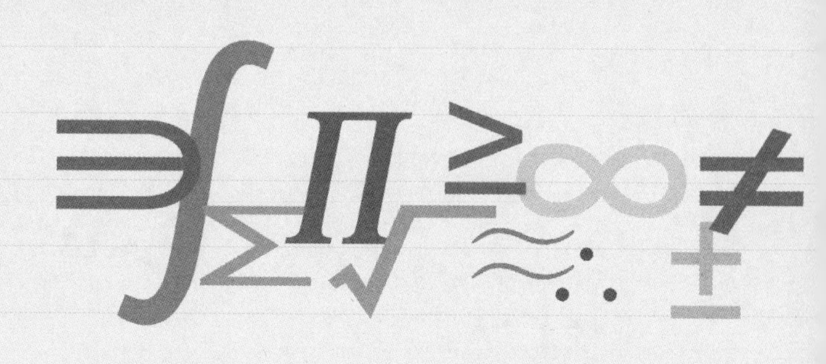

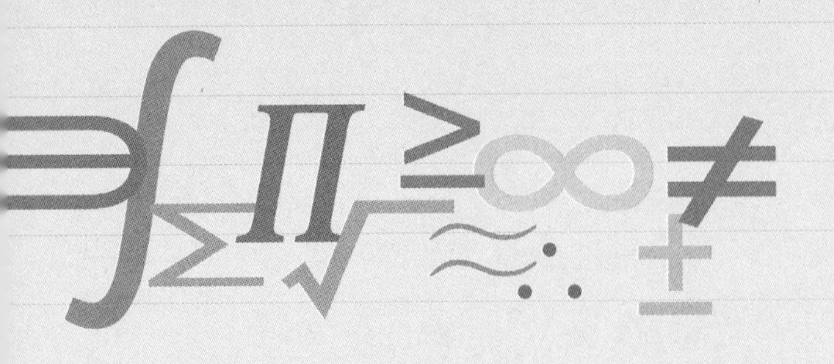

- 11을 곱하는 간단한 방법
- 반복을 찾아라!

생활 계산의 기술 6

특별한 곱셈

11을 곱하는 간단한 방법

이번에는 축구 선수들도 간단히 할 수 있는 곱셈 비법이다. 축구는 11명의 선수가 뛴다. 그래서 축구화를 사더라도 11켤레를 사야 한다. 양말도 물론 11켤레이다. 밥값도 11인분을 내야 하므로 그들에게 11을 곱한다는 것을 꽤나 중요할 수 있다. 어떤 수에 11을 곱하는 아주 간단한 비법을 전수한다.

$$54 \times 11$$

$$\begin{array}{r} 54 \\ \times\ 11 \\ \hline 594 \end{array}$$

⇨ 594 ⟵ 5 + 4를 더한 9를 5와 4 사이에 쓴다.

11이 아닌 수의 각 자리 수를 더한 다음, 11이 아닌 수의 가운데에 쓴다. 이건 축구부를 위한 특별한 식인 것 같다. 너무 간단한 방법이라 놀랐을 것이다. 더해서 10 이상이면 위로 살짝 받아올림만 하면 된다. 다음 예제를 보면서 다시 정리해 보자.

$$78 \times 11$$

① 78의 각 자리 수의 합을 구한다.

⇨ 7 + 8 = 15

② 7과 8 사이를 한 칸 비우고 그 자리에 ①에서 구한 수를 쓴다.

⇨ $\overset{1}{7}58$ ★ 각 자리 숫자의 합이 10 이상이므로 1을 7에 올려 준다.

⇨ 858 (정답)

연습해 보면 계산이 빨라질 것이다.

연습 문제

(1) $35 \times 11 =$

(2) $48 \times 11 =$

(3) $94 \times 11 =$

(4) $34 \times 11 =$

(5) $85 \times 11 =$

(6) $76 \times 11 =$

(7) $62 \times 11 =$

(8) $97 \times 11 =$

(9) $29 \times 11 =$

(10) $23 \times 11 =$

풀이

(1) 35 × 11

⇨ 3 + 5를 3과 5 사이에 쓰면 정답은 385이다.

(2) 48 × 11

⇨ 4 + 8이 10 이상이므로 10을 올려 쓰면 정답은 528이다.

(3) 94 × 11

⇨ 9 + 4를 10 올려서 9와 4 사이에 쓰면 정답은 1034이다.

(4) 34 × 11

⇨ 3 + 4를 3과 4 사이에 쓰면 정답은 374이다.

(5) 85 × 11

⇨ 8 + 5를 8과 5 사이에 10을 올려 쓰면 정답은 935이다.

(6) 76 × 11

⇨ 7 + 6을 역시 10을 올려 7과 6 사이에 쓰면 정답은 836이다.

(7) 62 × 11

⇨ 6 + 2를 6과 2 사이에 쓰면 정답은 682이다.

(8) 97 × 11

⇨ 9 + 7을 9와 7 사이에 10을 올려 쓰면 정답은 1067이다.

(9) 29 × 11

⇨ 2와 9 사이에 2 + 9를 10을 올려 쓰면 정답은 319이다.

(10) 23 × 11

⇨ 2와 3 사이에 2 + 3을 쓰면 정답은 253이다.

꼭 두 자릿수를 곱할 때만 이런 규칙이 적용되는 것이 아니다. 각각 인접한 자리의 수를 더해서 중간에 써 주면 된다. 그 합이 10을 넘으면 1을 더해 주는 것은 똑같다. 예제를 보면 쉽게 이해될 것이다.

(1) 342 × 11 = 3762

(2) 7632 × 11 = 83952

같은 숫자가 반복되는 곱셈 1

이제 축구 선수의 곱셈법을 넘어서 같은 숫자가 반복되는 곱셈을 통해 그 규칙성을 익혀 보자. 잘 익히면 암산으로 곱셈하는 경지에 이르게 될 것이다.

84 × 44

곱하는 수가 44로 반복해서 나타난다. 이런 경우 딱 한 번의 곱셈만 해도 좋다. 84 × 4 = 336이다. 나머지는 덧셈으로 해결한다.

```
   84
 × 44
-----
  336
 336
-----
 3696
```

같은 숫자가 반복되는 곱셈 2

곱하는 수에 같은 숫자가 들어 있을 때는 두 번 곱할 필요가 없다. 한 번 곱한 후 자리만 옮겨 더하면 된다. 축구 선수들의 곱셈보다는 조금 더 손이 간다. 이제 같은 숫자가 반복되는 곱셈에 대해 알아보자.

$$36 \times 48$$

이 문제에는 반복이 숨어 있다. 여기서 뭐가 반복되었을까?

48을 44 + 4로 만들어서 생각해야 한다. 36 × 48을 36 × (44 + 4)로 바꿀 수 있고, 분배법칙을 쓰면 (36 × 44) + (36 × 4)가 된다. 그다음 36 × 4 = 144라는 것을 이용해 나머지 계산을 하면 간단하다. 36 × 44에 36 × 4를 더해 주기만 하면 된다.

$$\begin{array}{r} 36 \\ \times\ 48 \\ \hline 144 \\ 144 \\ 144 \\ \hline 1728 \end{array}$$

48을 44 + 4라고 생각할 수 있는 힘을 키워야 한다. 다음 수들을 그렇게 만들어 보자. 힌트는 11의 배수이다.

$$12, 24, 36, 72, 84$$

$12 = 11 + 1$

$24 = 22 + 2$

$36 = 33 + 3$

$72 = 66 + 6$

$84 = 77 + 7$

이제 연습 문제를 풀어 보자.

연습 문제

(1) $63 \times 33 =$

(2) $73 \times 84 =$

(3) $77 \times 63 =$

(4) $15 \times 36 =$

(5) $72 \times 75 =$

(6) $47 \times 22 =$

(7) $53 \times 89 =$

(8) $27 \times 66 =$

(9) $38 \times 46 =$

(10) $85 \times 54 =$

풀이

(1) $63 \times 33 \Rightarrow 63 \times 3 = 189$이므로

$$\begin{array}{r} 189 \\ +\ 189\ \ \\ \hline 2079 \end{array}$$ (정답)

(2) $73 \times 84 \Rightarrow 84 = 77 + 7$이므로 $73 \times (77 + 7) = 73 \times 77 + 73 \times 7$이다.

여기서 $73 \times 7 = 511$을 활용하면

$$\begin{array}{r} 511 \\ 511\ \ \\ +\ \ 511 \\ \hline 6132 \end{array}$$ (정답)

(3) $77 \times 63 \Rightarrow 63 \times 7 = 441$이므로

$$\begin{array}{r} 441 \\ +\ 441\ \ \\ \hline 4851 \end{array}$$ (정답)

(4) $15 \times 36 \Rightarrow 36 = 33 + 3$이므로 $15 \times (33 + 3) = 15 \times 33 + 15 \times 3$이다.

$15 \times 3 = 45$를 활용하면

$$\begin{array}{r} 45 \\ 45\ \ \\ +\ \ 45 \\ \hline 540 \end{array}$$ (정답)

(5) $72 \times 75 \Rightarrow 72 = 66 + 6$이므로 $(66 + 6) \times 75 = 66 \times 75 + 6 \times 75$이다.

$75 \times 6 = 450$을 활용하면

$$\begin{array}{r} 450 \\ 450\ \ \\ +\ \ 450 \\ \hline 5400 \end{array}$$ (정답)

(6) $47 \times 22 \Rightarrow 47 \times 2 = 94$이므로

$$\begin{array}{r} 94 \\ +\ 94 \\ \hline 1034 \end{array}$$ (정답)

(7) $53 \times 89 \Rightarrow 89 = 88 + 1$이므로 $53 \times (88 + 1) = 53 \times 88 + 53 \times 1$이다.

$53 \times 8 = 424$를 활용하면

$$\begin{array}{r} 424 \\ 424 \\ +\ 53 \\ \hline 4717 \end{array}$$ (정답)

(8) $27 \times 66 \Rightarrow 27 \times 6 = 162$이므로

$$\begin{array}{r} 162 \\ +\ 162 \\ \hline 1782 \end{array}$$ (정답)

(9) $38 \times 46 \Rightarrow 38 \times (44 + 2) = 38 \times 44 + 38 \times 2,\ 38 \times 4 = 152$

$$\begin{array}{r} 152 \\ 152 \\ +\ 76 \\ \hline 1748 \end{array}$$ (정답)

(10) $85 \times 54 \Rightarrow 85 \times (44 + 10) = 85 \times 44 + 85 \times 10,\ 85 \times 4 = 340$

$$\begin{array}{r} 340 \\ 340 \\ +\ 850 \\ \hline 4590 \end{array}$$ (정답)

두 자릿수와 두 자릿수 곱셈에서 두 수가 100에 가까운 경우에 쉽게 계산하는 방법이 있어 잠깐 소개하고 넘어가겠다. 조금 어려워 보이지만 멋진 계산 기술이다. 앞에 나온 계산들이 익숙해지면 도전해 보는 것도 좋겠다.

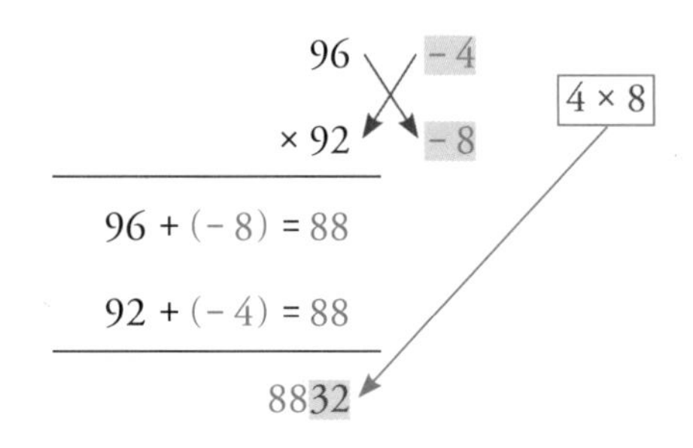

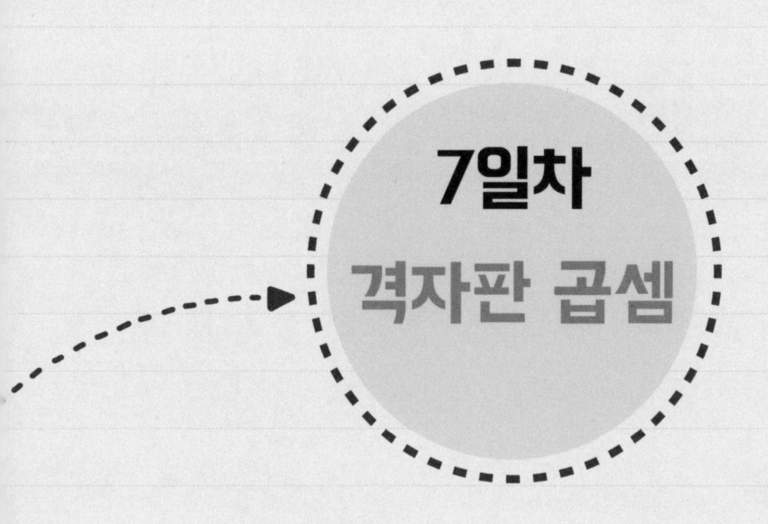

7일차

격자판 곱셈

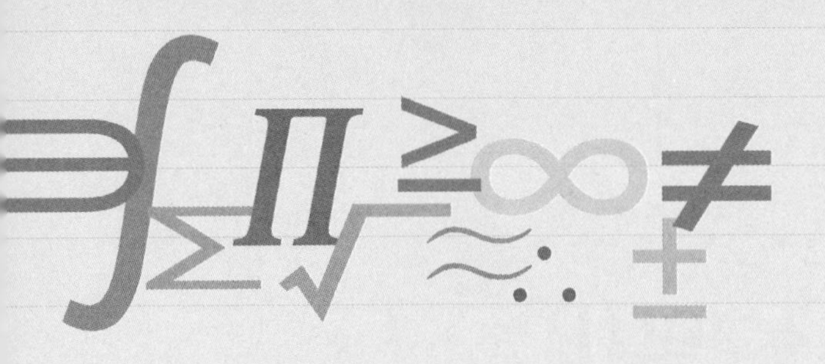

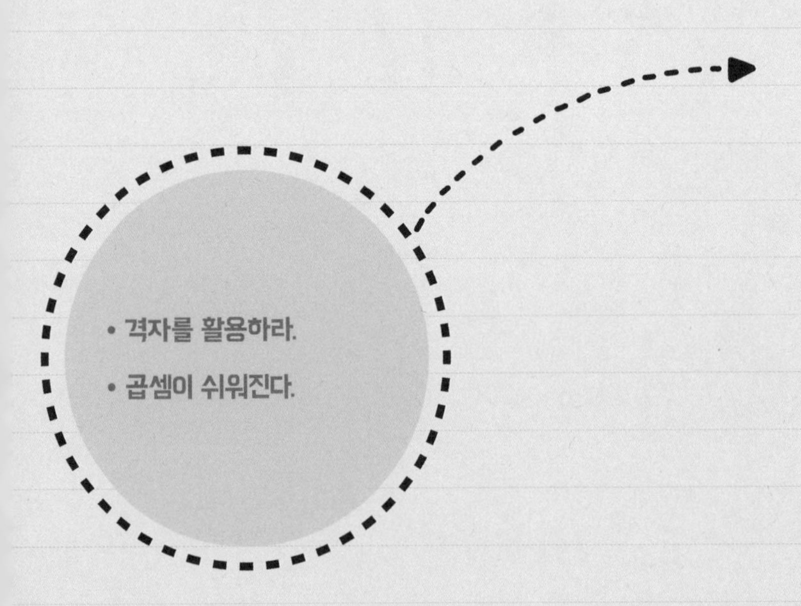
• 격자를 활용하라.
• 곱셈이 쉬워진다.

생활 계산의 기술 7

격자판 곱셈

곱셈을 하는 새로운 방법

격자판을 이용한 곱셈은 인도 베다 수학에서 많이 소개되었다. 어렵지 않기 때문에 머리를 식힐 겸 알아 두면 심심할 때 재미있게 활용할 수 있다.

$$51 \times 18$$

격자판을 이용해 계산해 보자.

가로와 세로에 각 자리의 수를 하나씩 쓴다. 나머지 칸에는 대각선을 긋는다. 대각선을 그은 칸에 각 가로와 세로에 있는 수를 곱해서 차례대로 쓴다. 이때 곱한 결과가 일의 자리라면 십의 자리는 0으로 채워 둔다. 맨 위 대각선부터 더해서 하나씩 써 주면 정답이 나온다. 다음 예제를 보면 쉽게 이해될 것이다.

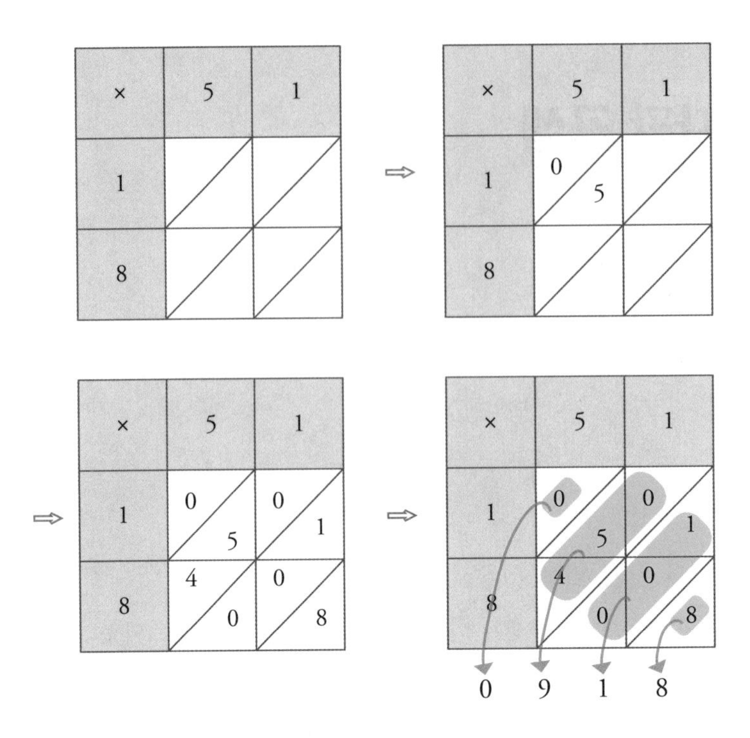

차례대로 써 주면 정답은 918이다.

역시 연습 문제를 풀어 보면 금방 이해될 것이다.

연습 문제

(1) 74 × 32 =

(2) 63 × 72 =

(3) 71 × 32 =

(4) 21 × 33 =

풀이

(1) 74 × 32 =

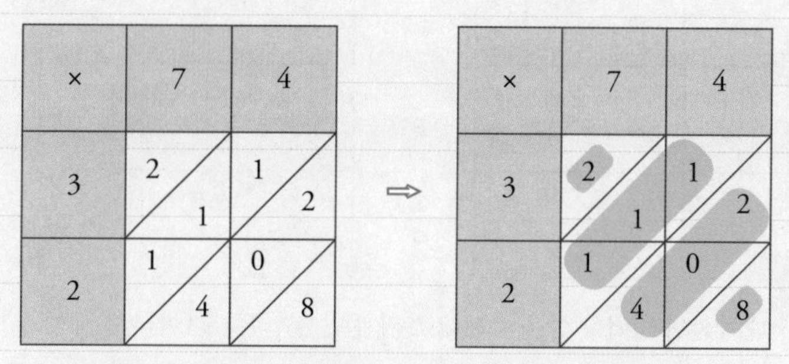

대각선끼리 더한 합을 차례대로 써 주면 정답은 2368이다.

(2) 63 × 72 =

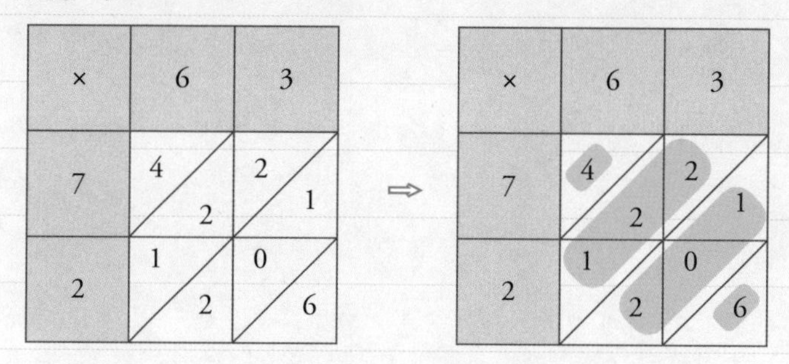

대각선끼리 더한 합을 차례대로 써 주면 정답은 4536이다.

(3) 71 × 32 =

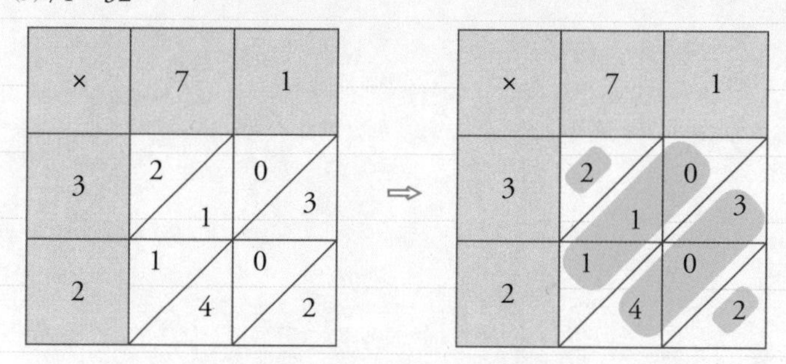

대각선끼리 더한 합을 차례대로 써 주면 정답은 2272이다.

(4) 21 × 33 =

×	2	1
3	0 / 6	0 / 3
3	0 / 6	0 / 3

⇨

×	2	1
3	0 / 6	0 / 3
3	0 / 6	0 / 3

대각선끼리 더한 합을 차례대로 써 주면 정답은 693이다.

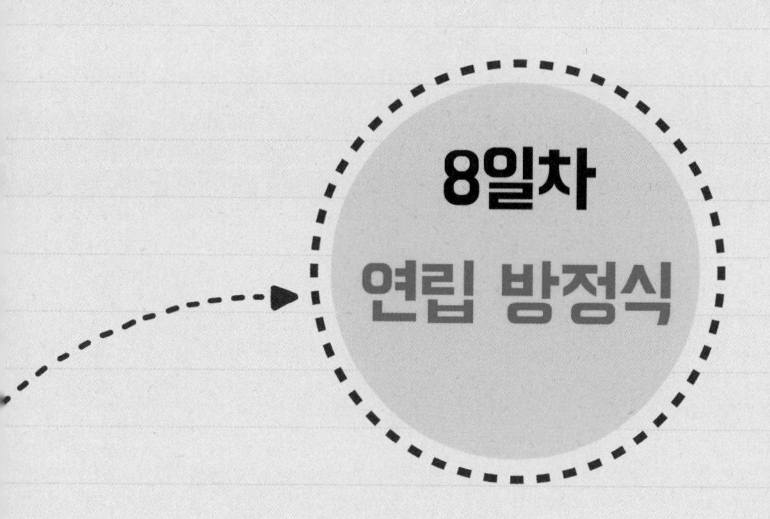

8일차

연립 방정식

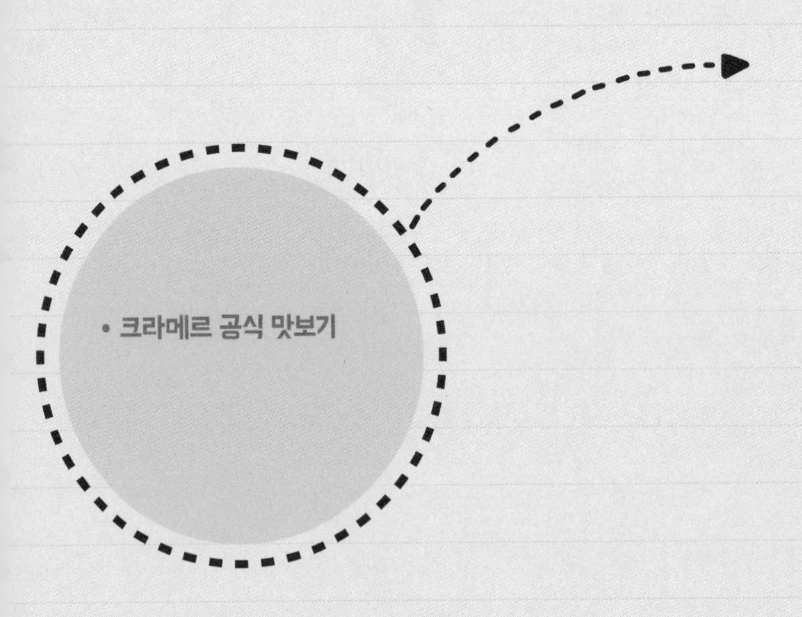
• 크라메르 공식 맛보기

생활 계산의 기술 8

연립 방정식

재미있고 신기한 계산

재미있고 신기한 방법이라고 해서 다 유용한 것은 아니다. 하지만 알아 두면 수학을 보는 눈이 확실히 길러진다. 그런 측면에서 이번 장을 공부하면 좋겠다. 일단 우리가 알고 있는 연립 방정식부터 보자.

$$x + y = 5$$
$$x - y = 1$$

이 연립 방정식을 풀기 위해 위 식과 아래 식을 더하면 된다. 가감법이라고 부르는 방법이다. 수를 더하는 것처럼 수식도 더한다. 위 식에서 아래 식을 더하면 $2x = 6$, $x = 3$이 나오는데, $x = 3$을 위 식이든 아래 식이든 대입해 보면 y 값이 2가 된다. 그동안 우리는 이런 방법으로 연립 방정식을 풀었다.

크라메르 공식

이제 번거롭지만 무척 신기한 크라메르 공식을 알아보겠다.

$$3x + y = 10$$
$$x + 2y = 10$$

계수만 따와서 쓴다.

$$\begin{matrix} 3 & & 1 \\ & \times & \\ 1 & & 2 \end{matrix}$$

① $3 \times 2 = 6$

② $1 \times 1 = 1$

① - ② $6 - 1 = 5$ ← 5를 분모로 결정

우변항 상수 10을 각각 넣어 비슷한 과정으로 계산한다.

$$\begin{matrix} 3 & & 10 & & 1 \\ & \times & & \times & \\ 1 & & 10 & & 2 \end{matrix}$$

$$y = \frac{3 \times 10 - 1 \times 10}{5}$$
$$= \frac{30 - 10}{5} = 4$$
$$x = \frac{2 \times 10 - 1 \times 10}{5}$$
$$= \frac{20 - 10}{5} = 2$$

$x = 2,\ y = 4$

아주 복잡하고 어려워 보이는 계산에 지레 겁이 날 것이다. 그렇지만 재미있는 방법이니까 연습 문제로 조금만 훈련해 보자.

연습 문제

(1) $5x + 3y = 16$

$x + y = 4$

(2) $4x + 3y = 19$

$x + 5y = 17$

풀이

(1) $5x + 3y = 16$

$x + y = 4$

$5 \times 1 = 5$

$1 \times 3 = 3$

$5 - 3 = 2$, 분모가 2가 된다.

$$\begin{matrix} 5 & & 16 & & 3 \\ & \times & & \times & \\ 1 & & 4 & & 1 \end{matrix}$$

① - ② = 4는 y의 분자가 되고, ③ - ④ = 4는 x의 분자가 된다.

$x = \frac{4}{2} = 2$, $y = \frac{4}{2} = 2$

$x = 2$, $y = 2$

(2) $4x + 3y = 19$

$x + 5y = 17$

$4 \times 5 = 20$

$1 \times 3 = 3$

$20 - 3 = 17$, 분모가 17이 된다.

$$\begin{matrix} 4 & & 19 & & 3 \\ & \times & & \times & \\ 1 & & 17 & & 5 \end{matrix}$$

① - ② = 49는 y의 분자가 되고, ③ - ④ = 44는 x의 분자가 된다.

$x = \frac{44}{17}$, $y = \frac{49}{17}$

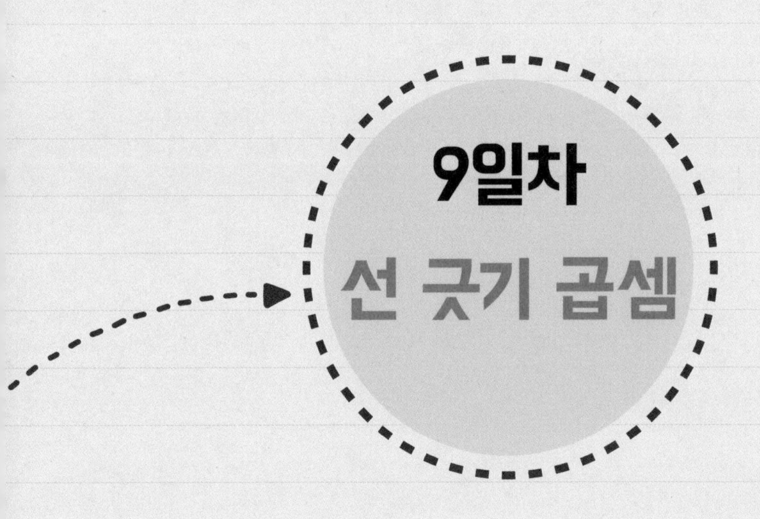

9일차

선 긋기 곱셈

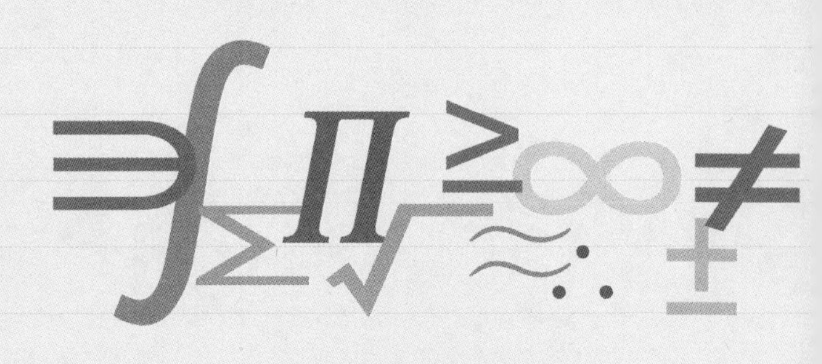

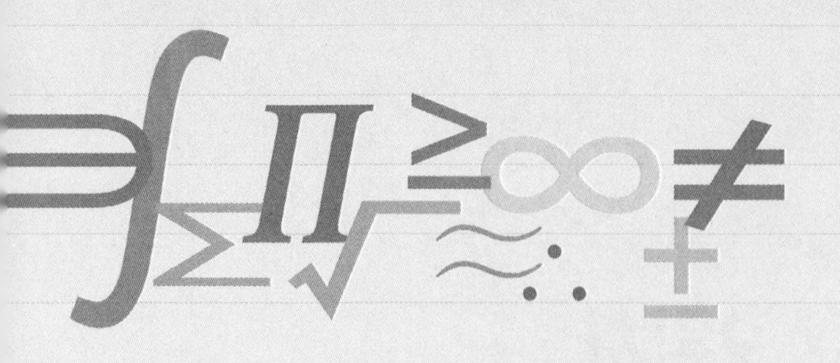

- 선을 그어라.
- 복잡한 곱셈도 가능하다.

생활 계산의 기술 9

선 긋기 곱셈

재미있게 곱하는 방법

선 긋기로 곱셈하는 방법이다. 각 자리의 숫자만큼 선을 그으면 된다. 두 번째 곱하는 수는 아래부터 대각선을 긋는다는 점을 유의한다.

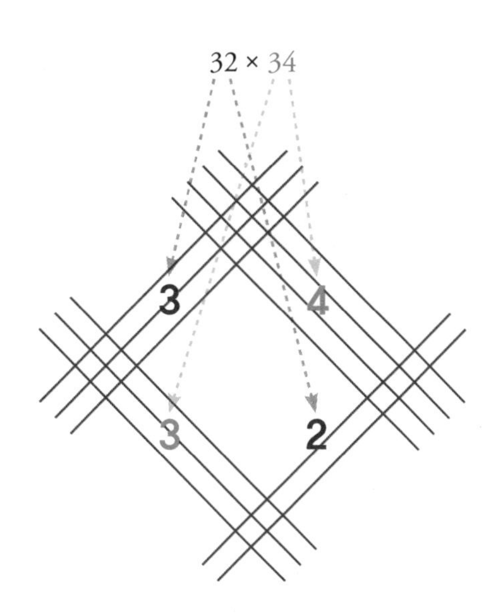

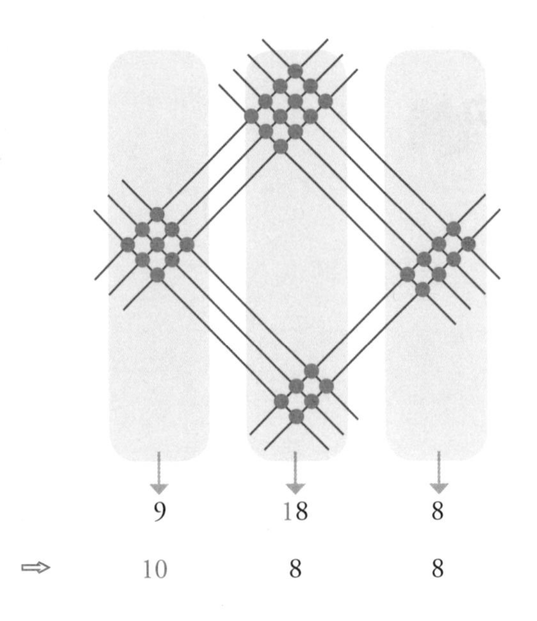

각 세로 열에 있는 교점(선들이 만나서 생기는 점)의 개수를 모두 합해 순서대로 쓰면 바로 답이 나온다. 단, 10 이상의 수가 나오면 받아올림을 해야 한다. 이 경우에도 18이 10 이상의 수이므로 받아올림을 적용하여 차례대로 쓰면 정답은 1088이다. 곱셈을 덧셈으로 바꾸는 기술이라고도 볼 수 있다.

세 자릿수의 곱셈도 같은 방법으로 계산할 수 있다. 단, 곱하는 수에 숫자 0이 포함되어 있으면 그 자리는 대각선을 그리지 않고 비워 둔다. 다음 예제를 풀면서 대각선을 직접 그어 보면 잘 이해할 수 있을 것이다.

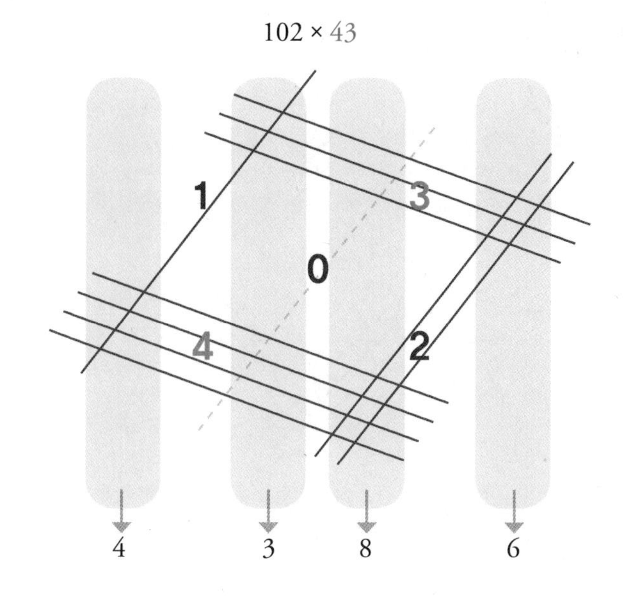

위의 경우에는 102에서 1과 2 사이에 0이 있으므로 대각선을 그리지 않고 비워 두는 게 중요하다. 이해를 돕기 위해 위 그림에는 연한 점선으로 표시했다. 실제로는 그리지 않는다. 각 세로 열에 있는 교점의 합을 순서대로 쓰면 4, 3, 8, 6이며 그대로 붙여 쓴 4386이 정답이 된다.

연습 문제

(1) 13 × 32 =

(2) 65 × 32 =

(3) 212 × 35 =

(4) 165 × 32 =

풀이

(1) 13 × 32 =

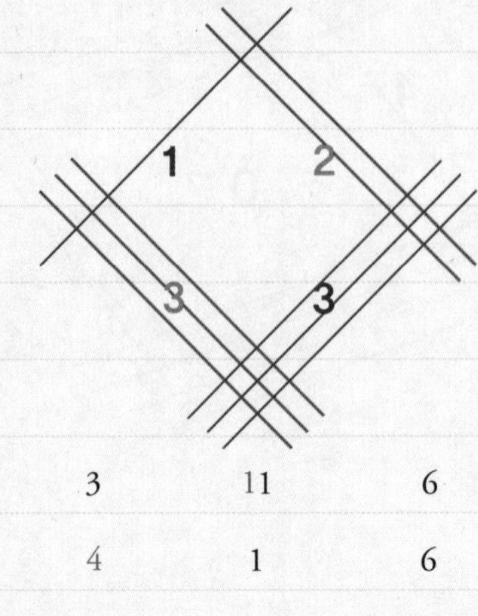

3 11 6

⇨ 4 1 6

(정답) 416

(2) 65 × 32 =

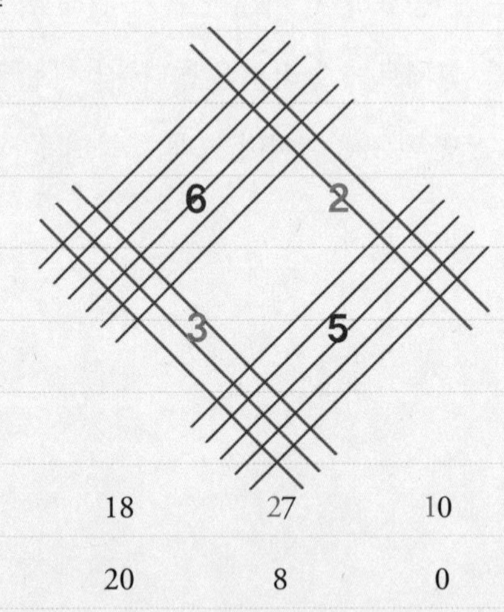

18 27 10

⇨ 20 8 0

(정답) 2080

(3) 212 × 35 =

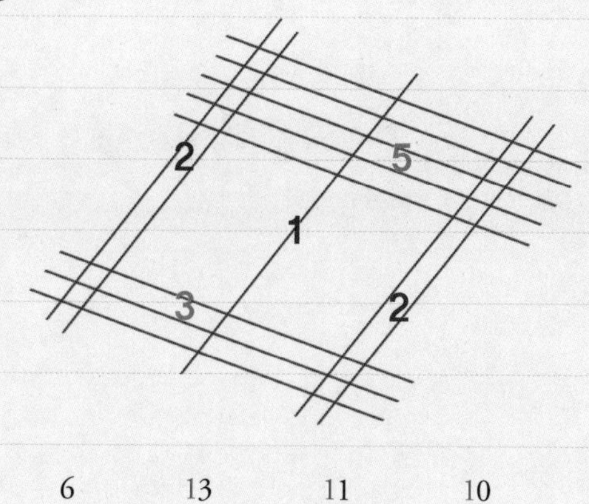

	6	13	11	10
⇨	7	4	2	0

(정답) 7420

(4) 165 × 32 =

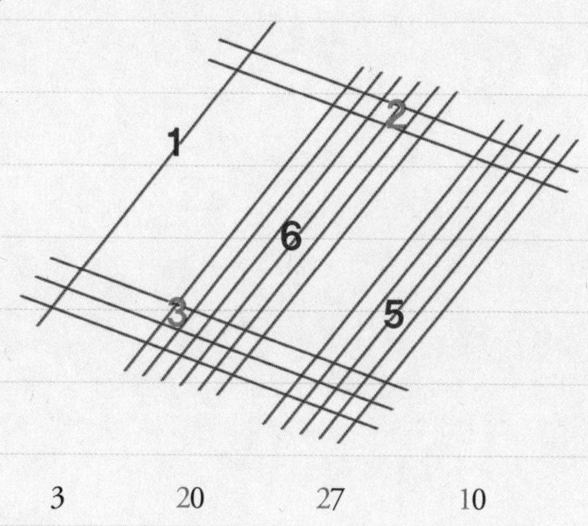

	3	20	27	10
⇨	5	2	8	0

(정답) 5280

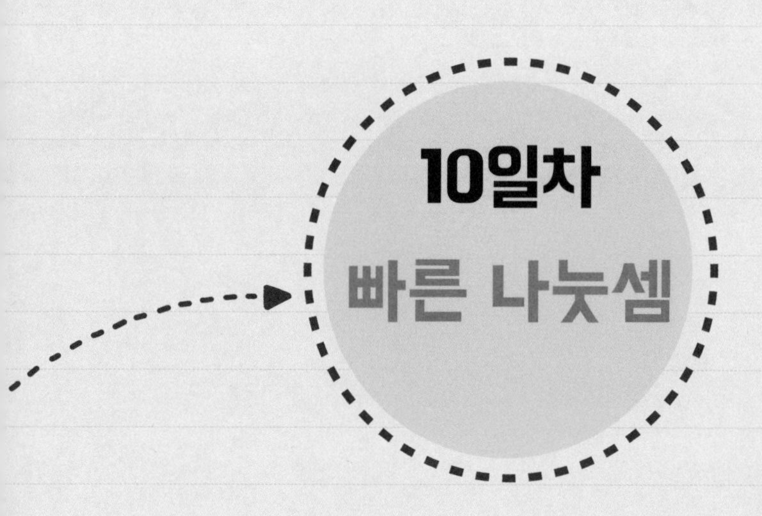
10일차
빠른 나눗셈

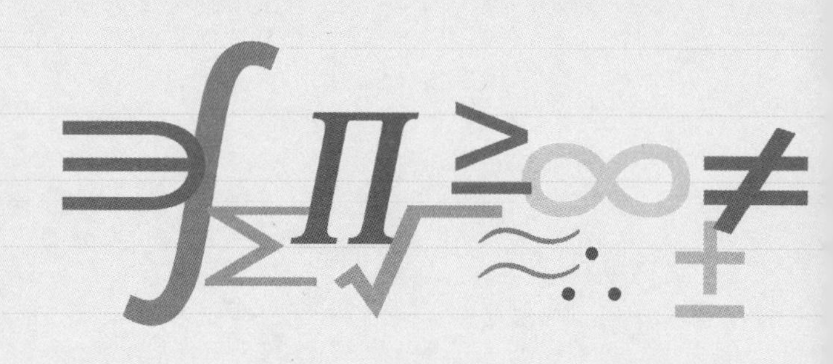

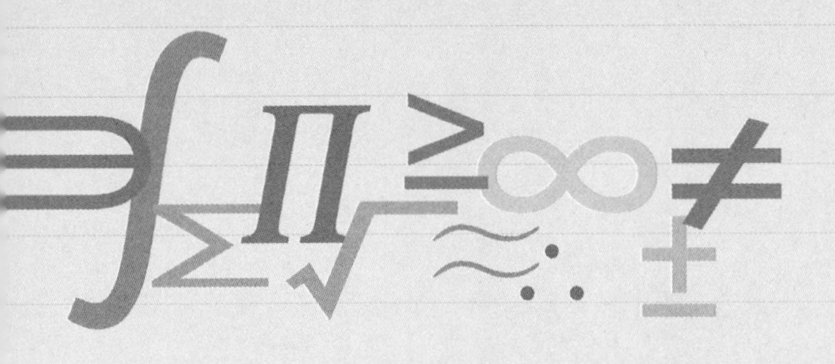

- 약분을 활용하라.
- 5와 10을 적극 활용하라.
- 9로 나누는 놀라운 방법

생활 계산의 기술 10

빠른 나눗셈

빠르게 나누는 기술

빠르게 나누는 기술을 익히면 여러 명이 음식을 먹었을 때 내가 얼마를 내야 하는지 대충 짐작할 수 있다. 계산기를 두드리지 않고도 지불할 금액을 미리 안다면 편리할 것이다.

$$864 \div 8$$

이 정도면 나눗셈을 익힐 수 있는 약간의 동기가 확보되었다. 계산이 익숙하지 않을 경우 여기서 바로 나누면 복잡할 수 있다. 나눗셈과 분수는 동기 동창이다. 그래서 분수를 약분하듯이 나눗셈도 나누는 수와 나누어지는 수를 약분할 수 있다. 반복도 가능하다. 다음 계산을 보면 이해가 잘될 것이다. 아주 간단하다.

864 ÷ 8

= 432 ÷ 4

= 216 ÷ 2

= 108 ÷ 1

= 108 (정답)

5와 10을 활용하기

나눗셈도 재미있게 빨리 계산하는 방법들이 있다. 그중에서 5로 나누는 계산법을 한번 살펴보자.

3412 ÷ 5

항상 해 왔던 방법으로 나누지 말자. 나누는 수를 5 대신 10으로 만들고, 나누어지는 수도 3412에서 2를 곱해서 6824로 만들면 아주 쉽게 계산된다. 이래도 될까? 당연히 된다. 나누기는 분수와 관계가 있으므로 분모, 분자에 같은 수를 곱해도 식이 변하지 않듯이 나누는 수와 나누어지는 수에 같은 수를 곱해 줘도 그 결과에는 변함이 없다. 계산해 보면 간단히 답이 나온다. 10은 계산을 간단히 만드는 재주가 있다.

3412 ÷ 5

= 6824 ÷ 10

= 682.4 (정답)

2로 두 번 나누기

또 하나 재미있는 나눗셈을 소개하겠다. 이번에는 2로 두 번 나누어 본다.

$$108 \div 4$$

① $108 \div 2 = 54$

② $54 \div 2 = 27$ (정답)

별것 아니지만 생각의 차이다. 4로 나누지 말고 2로 두 번 나눈다는 것! 아인슈타인이 복잡할수록 세분화시켜 도전하라고 했다. 멋진 말이다. 4로 나누기보다는 2로 두 번 나누는 것이 훨씬 쉽다.

두 가지 경우를 묶어서 연습해 보자.

연습 문제

(1) $4323 \div 5 =$

(2) $8342 \div 5 =$

(3) $156 \div 4 =$

(4) $196 \div 4 =$

(5) $2992 \div 8 =$

(6) $5352 \div 8 =$

(7) $582 \div 6 =$

(8) $8868 \div 12 =$

풀이

(1) $4323 \div 5$

$= 8646 \div 10 = 864.6$

(2) $8342 \div 5$

$= 16684 \div 10 = 1668.4$

(3) $156 \div 4$

$= 78 \div 2 = 39$

(4) $196 \div 4$

$= 98 \div 2 = 49$

(5) $2992 \div 8$

$= 1496 \div 4 = 748 \div 2 = 374$

(6) $5352 \div 8$

$= 2676 \div 4 = 1338 \div 2 = 669$

(7) $582 \div 6$

$= 291 \div 3 = 97$

(8) $8868 \div 12$

$= 2217 \div 3 = 739$

25로 나누기

나눗셈이 훨씬 부드러워졌다. 재미있는 계산법을 하나 더 소개하겠다. 25로 나누는 기술이다.

$$242 \div 25$$

25에 4를 곱하면 100이 된다.

가능하다면 무조건 10, 100, 1000을 만들어라.

다시 계산으로 돌아와서

$242 \div 25$

$= 968 \div 100$

$= 9.68$ (정답)

242에 4를 곱하고 25에 4를 곱하면 계산은 정말 쉬워진다.

9로 나누기

놀라운 나누기 방법이 또 있다. 정말 놀라운 기술이다. 9로 나눌 때만 쓰인다는 아쉬움이 남지만 이 방법은 꼭 알아 두자.

$$5409 \div 9$$

```
      5  4  0  9   ← 처음 숫자는 그대로 쓰고, 두 번째 숫자부터는 내려 쓴 숫자와 더해 쓴다.
      ↓ +↘ +↘ +↘
÷9 |  5  9  9   18   ← 18÷9=2
   |____________
   |  5  9  9        ← 마지막 숫자 9에 18÷9인 2를 더해준다.
   |____________
      6  0  1   (정답)
```

조금 어려워 보이지만 직접 써 보면서 연습하면 금방 나만의 기술로 습득할 수 있다. 연습 문제로 좀 더 단련해 보자.

연습 문제

(1) 8324 ÷ 25 =

(2) 764 ÷ 25 =

(3) 967 ÷ 25 =

(4) 4382 ÷ 25 =

(5) 1116 ÷ 9 =

(6) 4464 ÷ 9 =

(7) 1926 ÷ 9 =

(8) 3411 ÷ 9 =

풀이

(1) $8324 \div 25 = 33296 \div 100 = 332.96$

(2) $764 \div 25 = 3056 \div 100 = 30.56$

(3) $967 \div 25 = 3868 \div 100 = 38.68$

(4) $4382 \div 25 = 17528 \div 100 = 175.28$

(5) $1116 \div 9 =$

	1	1	1	6	
÷9	1	2	3		9
	1	2	3		
	1	2	4	(정답)	

(6) $4464 \div 9 =$

	4	4	6	4	
÷9	4	8	14		18
	4	9	4		
	4	9	6	(정답)	

4814에서 14의 십의 자리 1을 올려 494로 바꾼다.

(7) $1926 \div 9 =$

	1	9	2	6	
÷9	1	10	12		18
	2	1	2		
	2	1	4	(정답)	

(8) $3411 \div 9 =$

	3	4	1	1	
÷9	3	7	8		9
	3	7	8		
	3	7	9	(정답)	

2부

알아 두면 편리한 금융 계산의 기술

* 2부에서는 실제 금융 생활에 필요한 계산식을 다뤘다.
그래서 다소 복잡한 계산이 필요하니 계산기를 활용해도 좋다.

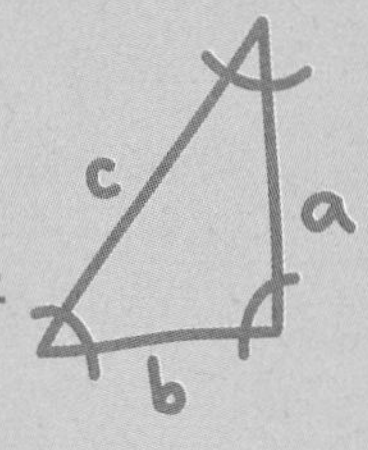

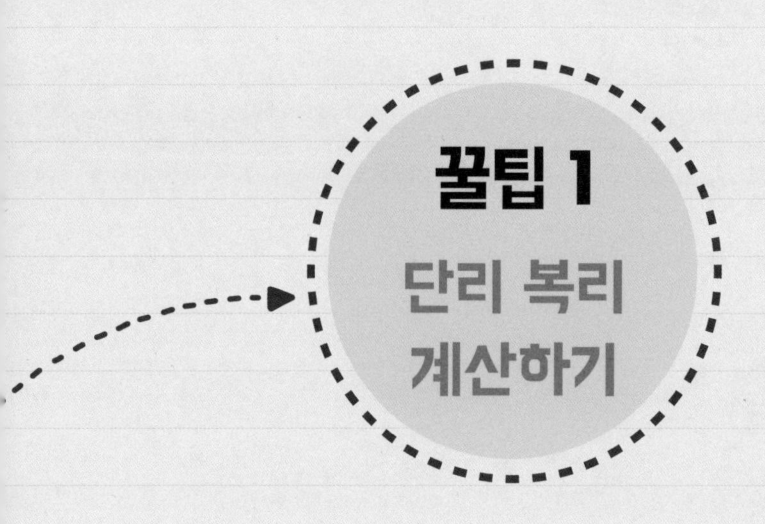
꿀팁 1
단리 복리
계산하기

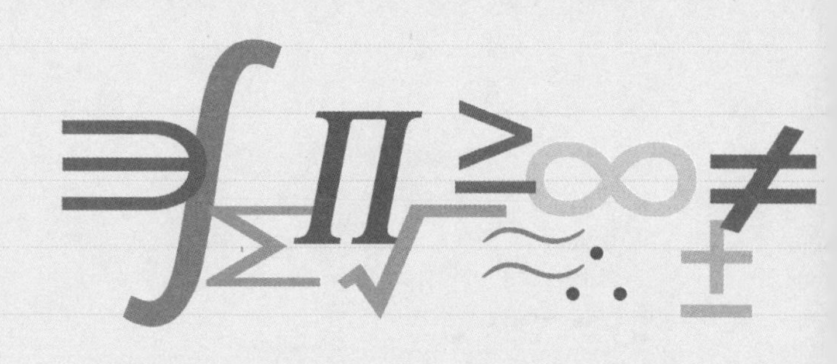

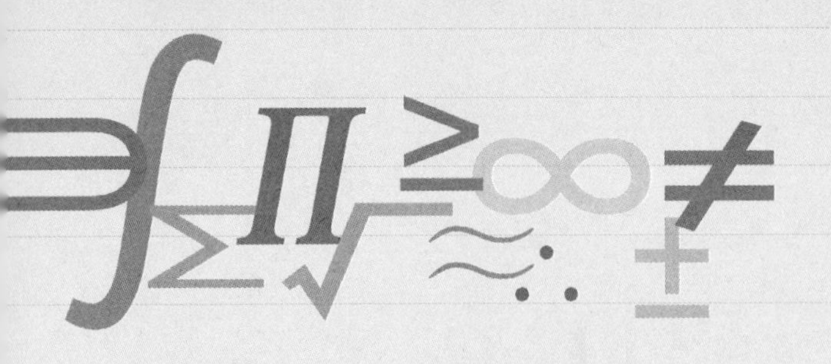

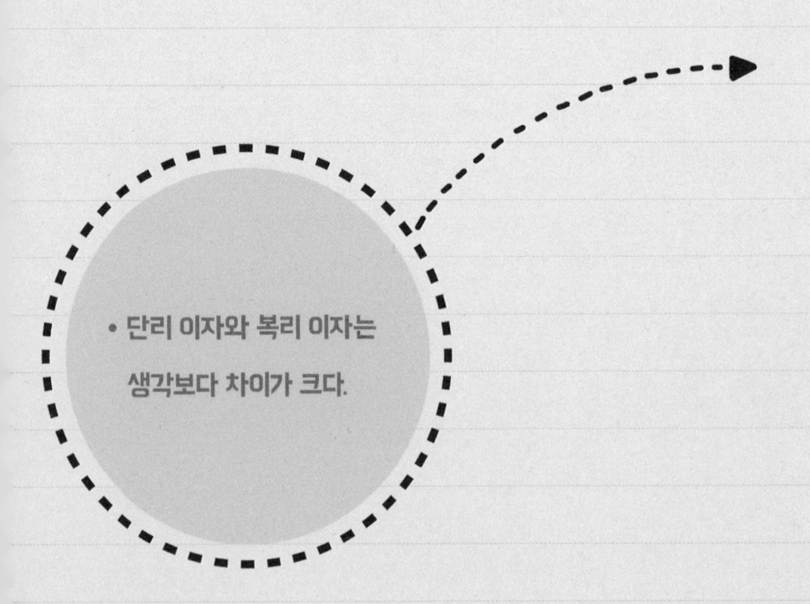
• 단리 이자와 복리 이자는
생각보다 차이가 크다.

금융 계산의 기술 1

단리 복리 계산하기

이자를 계산하는 방법에는 단리법과 복리법이 있다. 물론 복리 이자가 단리 이자보다 더 큰 것은 알고 있다. 하지만 정확히 어느 정도 차이가 나는지 스스로 계산해 본다면 실생활에 큰 도움이 될 것이다.

단리법은 처음 빌린 원금에 대해서만 이자를 계산하는 방법이고, 복리법은 일정한 기간마다 이자를 원금에 합하여 그 합한 금액이 다음 기간의 원금이 되어 이자를 계산하는 방법이다.

단리 이자

원금을 P, 이율을 i, 기간을 n이라고 할 때, 단리 이자 I와 원리합계 S는 각각 다음과 같다.

$$I = P \times in$$

$$S = P + I = P + (P \times in) = P(1 + in)$$

(예제) 5월 26일에 은행에서 90만 원을 연이율 9.5%로 빌려 7월 31일에 갚기로 했다. 만기일을 이자 계산에 포함하여 단리법에 의한 원리합계는 얼마가 될까? (단, 소수점 아래 첫째자리에서 반올림한다.)

대출금	대출일	만기일	연이율
900,000원	5월 26일	7월 31일	9.5%

(풀이) 먼저 대출 기간을 계산해야 한다. 5월 26일부터 31일까지 6일, 6월은 1일부터 30일까지 30일, 그다음 7월은 1일부터 31일까지 31일이다. 이것을 모두 더하면 6 + 30 + 31 = 67일이 된다. 이제 단리법으로 원리합계를 계산해 보자. 67일간의 이자와 원금을 합하면 원리합계 S는 다음과 같다.

$$S = 900000(1 + 0.095 \times \frac{67}{365}) = 915695(\text{원})$$

복리 이자

실제 많이 이용하는 복리에 대해 알아보자. 연이율 8%, 500만 원을 저축했을 때 복리 이자를 표로 정리해 보면 다음과 같다.

	1년	2년	3년
원금	500	500(1.08)	$500(1.08)^2$
연이율	8%	8%	8%
이자	500 × 0.08	500(1.08) × 0.08	$500(1.08)^2 \times 0.08$
원리합계	500(1.08)	$500(1.08)^2$	$500(1.08)^3$

복리 원리합계가 마치 등비수열처럼 생겼다. 이제 식으로 정리해 보자. 원금을 P, 이율을 I, 기간을 n이라고 할 때, 복리 원리합계 S는

$$S = P(1 + i)^n$$

이다. 단리법과 복리법의 원리합계를 식으로 비교해 보면 큰 차이가 있다.

단리 $S = P(1 + in)$

복리 $S = P(1 + i)^n$

단리법은 기간 n을 이율에 곱하고 복리법은 기간 n을 지수로 한다. 이것이 복리를 선호하는 이유다. 그래프로 비교하면 한눈에 보인다.

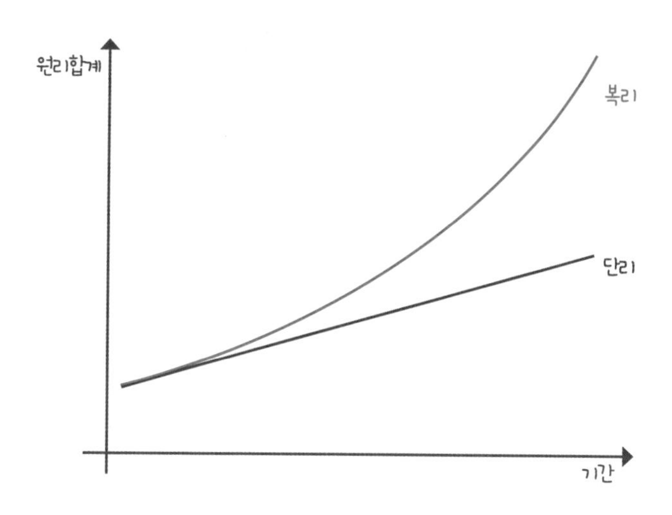

(예제) 원금 60만 원을 2년 6개월 동안 연이율 8%의 복리로 은행에 예금하였다. 만기일의 원리합계를 구하여라. (단, 소수점 아래 첫째자리에서 반올림한다.)

(풀이) 이자 계산에서 연이율이 주어질 때 연과 월이 동시에 나오면 연이율은 복리로 월이율은 단리로 이자를 구해야 한다. 2년 동안의 복리 이자에 의한 원리합계 S_1은

$$S_1 = P(1+i)^n = 600000(1+0.08)^2 = 699840(\text{원})$$

이다. 나머지는 6개월 동안은 단리 이자로 계산하므로 구하는 원리합계 S는

$$S = S_1(1+in) = 699840 \times \left(1 + 0.08 \times \frac{6}{12}\right) = 727834(\text{원})$$

이 된다.

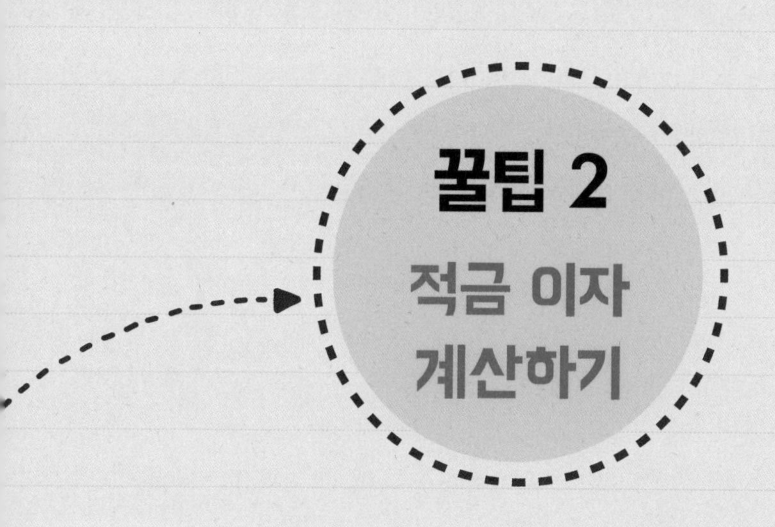
꿀팁 2
적금 이자
계산하기

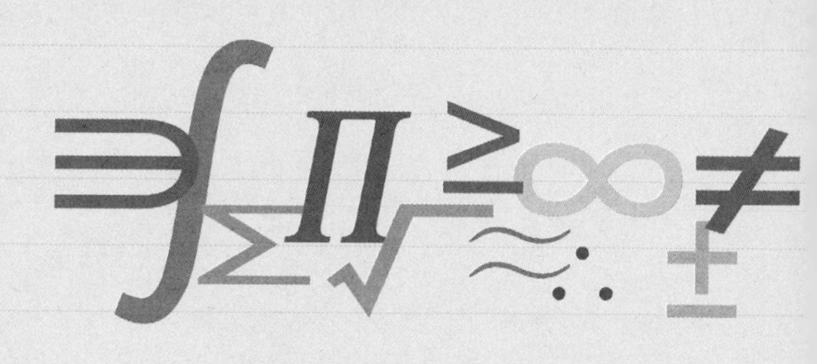

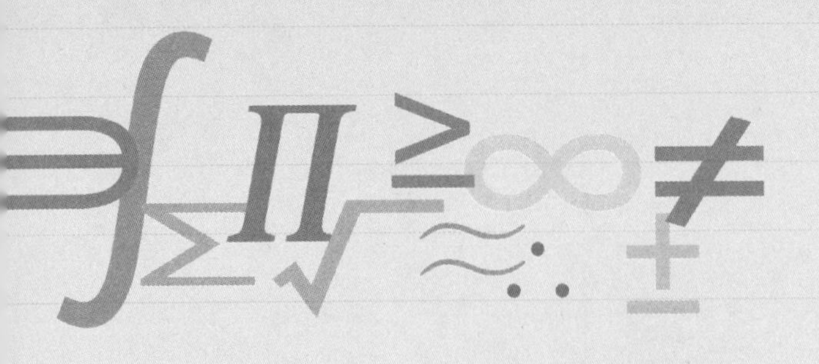

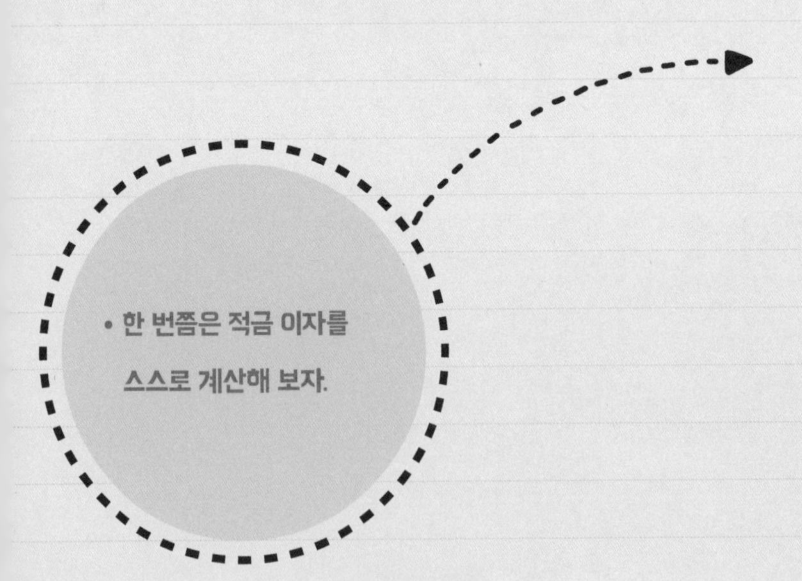
• 한 번쯤은 적금 이자를
스스로 계산해 보자.

금융 계산의 기술 2

적금 이자 계산하기

은행 적금 계산

은행 적금에도 등비수열의 합 공식이 활용된다. 적금이란 일정한 금액을 매 기간마다 적립하고, 이에 대한 이자를 복리로 계산하여 일정한 기간이 끝난 후에는 약정된 금액이 되도록 적립하는 예금 형태이다. 이때 매 기간마다 적립하는 일정한 금액을 적립금이라고 하고, 약정된 금액을 적립금 총액이라고 한다.

우리는 매년 말에 50만 원을 4년 동안 은행에 적립할 것이다. 연이율 9%의 복리일 때 우리가 받게 될 금액을 원리합계로 알아보자. 매년 말 50만 원에 대한 원리합계는 다음과 같다.

첫 번째 해에 맡긴 50만 원에 대한 원리합계 : $500000(1.09)^3$

두 번째 해에 맡긴 50만 원에 대한 원리합계 : $500000(1.09)^2$

세 번째 해에 맡긴 50만 원에 대한 원리합계 : $500000(1.09)$

마지막 해에 맡긴 50만 원에 대한 원리합계 : 500000

따라서 우리가 4년 후에 은행에서 받을 총금액은 이것을 모두 더하면 된다.

$$500000(1.09)^3 + 500000(1.09)^2 + 500000(1.09) + 500000$$

소수점 아래 첫째 자리에서 반올림하면 2,286,565(원)이다.

이런 적립금은 매기 초 또는 매기 말에 불입하는 것이 보통인데, 일반적으로 매기 말의 적립금은 다음과 같이 계산한다.

매기 말 적립금

적립금 총액을 S, 적립 기간을 n, 적립 기간에 대한 이율을 i, 매기 말의 적립금을 P라고 하면 적립금 총액 S는 다음과 같다.

$$S = \frac{P\{(1+i)^n - 1\}}{i}$$

식을 잘 살펴보면 등비수열의 합이 보인다. 그렇다면 이 적립금 총액을 받으려면 매달 얼마를 저금해야 할까? 그것 역시 등비수열의 합 공식을 변형해서 알아보자.

$$S = \frac{P\{(1+i)^n - 1\}}{i}$$

$$Si = P\{(1+i)^n - 1\}$$

$$P = \frac{Si}{(1+i)^n - 1}$$

적립금 계산 공식은 은행 적금, 보험, 연금 등을 계산할 때 자주 쓰인다.

매기 초 적립금

이제 매기 초에 적립하는 경우를 알아보자.

5월부터 9월까지 5개월 동안 매월 초에 6만 원을 은행에 적립한다. 월이율 0.5%의 복리로 계산한다면 9월 말에 은행에서 받을 수 있는 적립금 총액은 얼마일까? 일단 그림으로 그려 보면 조금 더 쉽다.

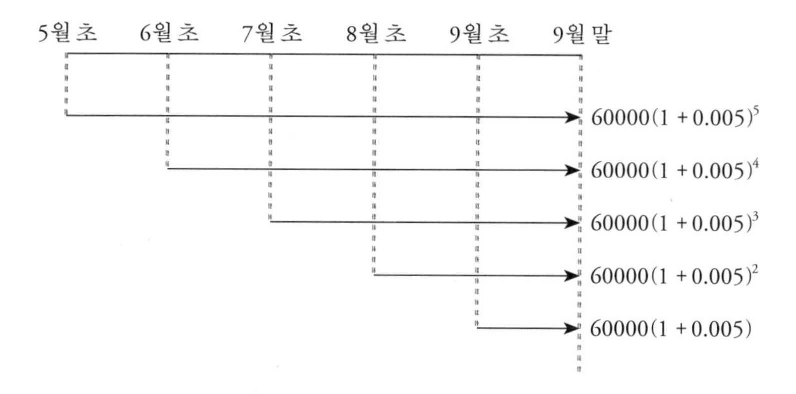

매월 초에 저금하면 그달 이자도 받는다. 이것이 매기 말 적립금과의 차이점이다. 그래서 우리가 받게 되는 9월 말의 총금액은 다음과 같다.

$$60000(1+0.005)+60000(1+0.005)^2+60000(1+0.005)^3+60000(1+0.005)^4+60000(1+0.005)^5$$

이것을 공식으로 정리해 보자.

적립금 총액을 S, 적립 기간을 n, 적립 기간에 대한 이율을 i, 매기 초의 적립금을 P라고 하면 S는 다음과 같다.

$$S=\frac{P(1+i)\{(1+i)^n-1\}}{i}$$

첫 달 이자가 한 번 더 포함된 형태이다. 역시 이것도 식을 변형하여 매기 초에 적립할 금액을 계산하면 다음과 같다.

$$S=\frac{P(1+i)\{(1+i)^n-1\}}{i}$$

$$Si=P(1+i)\{(1+i)^n-1\}$$

$$P=\frac{Si}{(1+i)\{(1+i)^n-1\}}$$

(예제) 연이율 12%, 월마다 복리로 매월 초 25만 원씩 적립하면 2년 후의 적립금 총액은 얼마인지 구하여라. (단, 소수점 아래 첫째 자리에서 반올림한다.)

(풀이) 공식을 적용한다.

$$S = \frac{P(1+i)\{(1+i)^n - 1\}}{i}$$

$P = 250000$, $n = 24$, 연이율이 12%이므로 월이율 $i = 1\%$이고, 구하는 적립금 총액 S는

$$S = \frac{250000(1+0.01)\{(1+0.01)^{24} - 1\}}{0.01} = 6810800(\text{원})$$

이다.

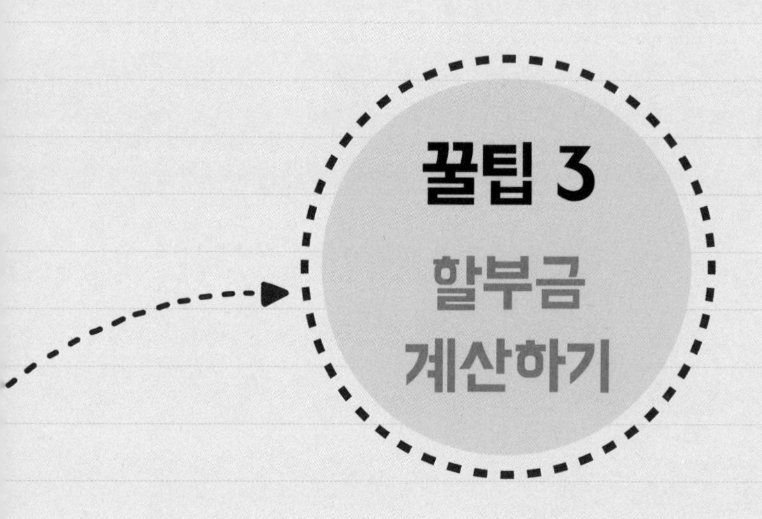
꿀팁 3
할부금
계산하기

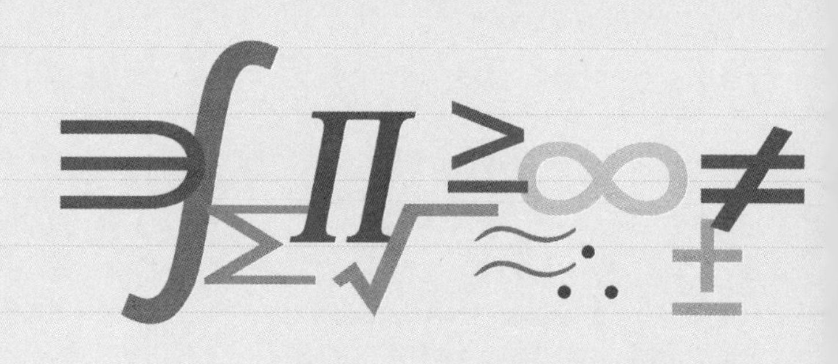

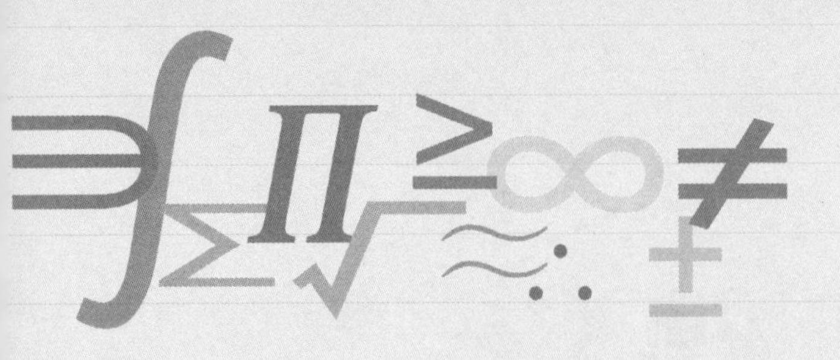

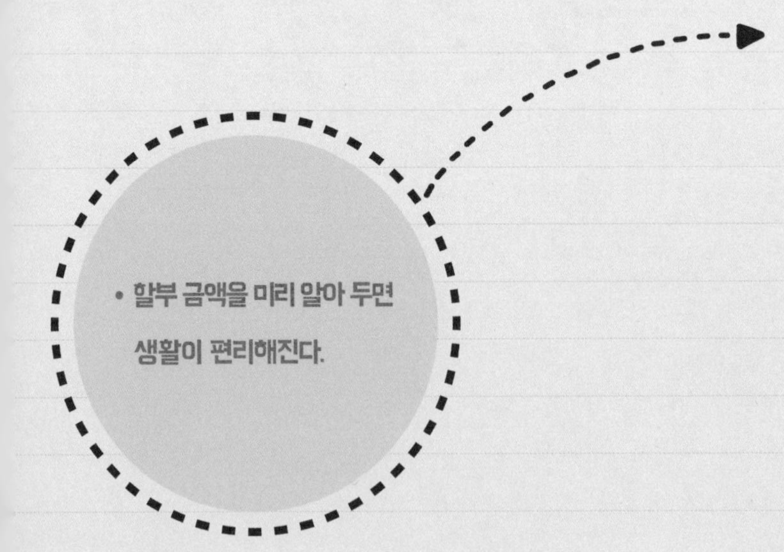
• 할부 금액을 미리 알아 두면
생활이 편리해진다.

금융 계산의 기술 3

할부금 계산하기

할부 쇼핑

요즘은 할부로 물건을 구입하는 일이 흔하다. 이번에는 할부금 계산에 대해 알아보자. 물품을 구입하고 그 대금을 상환하는 경우나 부채를 상환하는 경우에는 이자와 원금의 일부를 포함한 일정 금액을 일정 기간마다 상환하는 것이 보통이다. 이를 할부 상환이라고 하고 매기의 상환액을 할부금이라고 한다.

할부금 계산 공식

부채액을 S, 상환 기간을 n, 이율을 i, 매기 초의 할부금을 P라고 할 때 매기 초의 할부금은 다음과 같다.

$$P = \frac{Si(1+i)^{n-1}}{(1+i)^n - 1}$$

공식이 아주 복잡해 보인다. 그럼 이 공식을 이용해 갚아야 할 부채액을 알아보자.

$$P = \frac{Si(1+i)^{n-1}}{(1+i)^n - 1}$$

$$P\{(1+i)^n - 1\} = Si(1+i)^{n-1}$$

$$S = \frac{P\{(1+i)^n - 1\}}{i(1+i)^{n-1}}$$

이제 이 공식을 적용해 보자. 공식은 복잡해도 적용시키는 것은 어렵지 않다. 꼼꼼히 대입만 하면 문제없다. 계산기도 활용하길 권한다.

(예제) 40만 원짜리 물건을 12개월 월부로 사고 매월 초에 월이율 1.2%로 갚으려고 한다. 월부금을 소수점 아래 첫째 자리에서 반올림하여 구하여라.

(풀이) 부채액을 S, 상환 기간을 a, 이율을 i, 매기 초의 할부금을 P라고 하면

$$P = \frac{Si(1+i)^{n-1}}{(1+i)^n - 1}$$

매기 초의 할부금 계산 공식을 이용하면

$S = 400000, i = 0.012, n = 12$이므로 구하는 월부금 P는

$$P = \frac{400000 \times 0.012 \times (1 + 0.012)^{11}}{(1 + 0.012)^{12} - 1} = 35563(\text{원})$$

이다.

예제를 좀 더 풀어 보자.

(예제) 일시금으로 2500만 원의 연금을 받을 수 있다. 이것을 연이율 12%, 월마다 복리로 계산하여 2년 동안 같은 금액을 매월 초에 분할 지급받는다면 매월 받을 수 있는 연금을 소수점 아래 첫째 자리에서 반올림하여 구하여라.

(풀이) 부채액을 S, 상환 기간을 n, 월이율을 i라고 하자. 연이율이 12%이므로 월이율은 1%이다.

따라서 $S = 25000000, n = 24, i = 0.01$

매월 분할 지급받는 연금 P는 다음과 같다.

$$P = \frac{25000000 \times 0.01 \times (1 + 0.01)^{23}}{(1 + 0.01)^{24} - 1} = 1165185(\text{원})$$

(예제) 은행에서 대출을 받고 6개월 초에 할부금으로 50만 원씩 2년 동안 갚기로 했다. 연이율 7%, 6개월마다 복리로 계산할 때, 원래 대출받은 금액이 얼마인지 구하여라. (단, 소수점 아래 첫째 자리에서 반올림한다.)

(풀이) 매기 초의 할부금 P, 상환 기간을 n, 6개월마다의 이율을 i라고 하자. 연이율이 7%이므로 6개월마다의 이율은 3.5%이다.

$P = 500000$, $i = 0.035$, $n = 4$, 대출금 $S = \dfrac{P\{(1+i)^n - 1\}}{i(1+i)^{n-1}}$ 이다.

그대로 대입하면 S는 다음과 같다.

$$S = \frac{500000 \times \{(1+0.035)^4 - 1\}}{0.035(1+0.035)^3} = 1900818(\text{원})$$

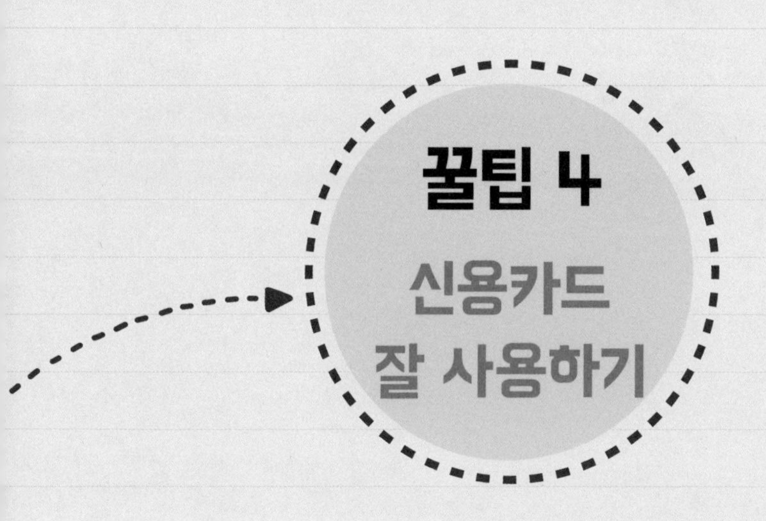
꿀팁 4
신용카드
잘 사용하기

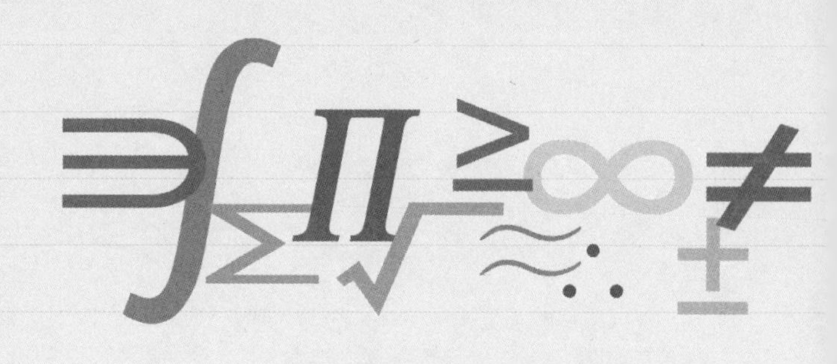

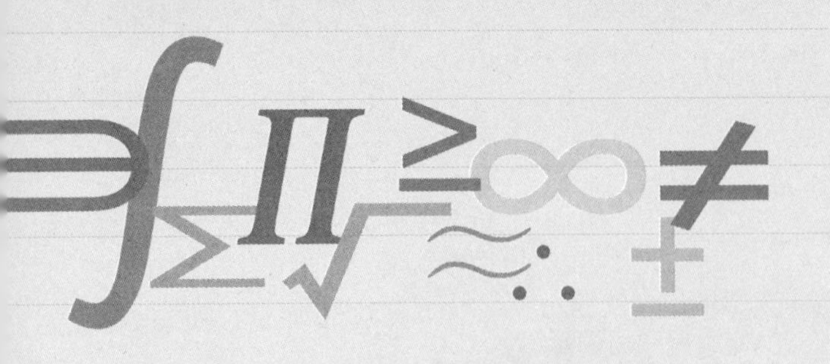

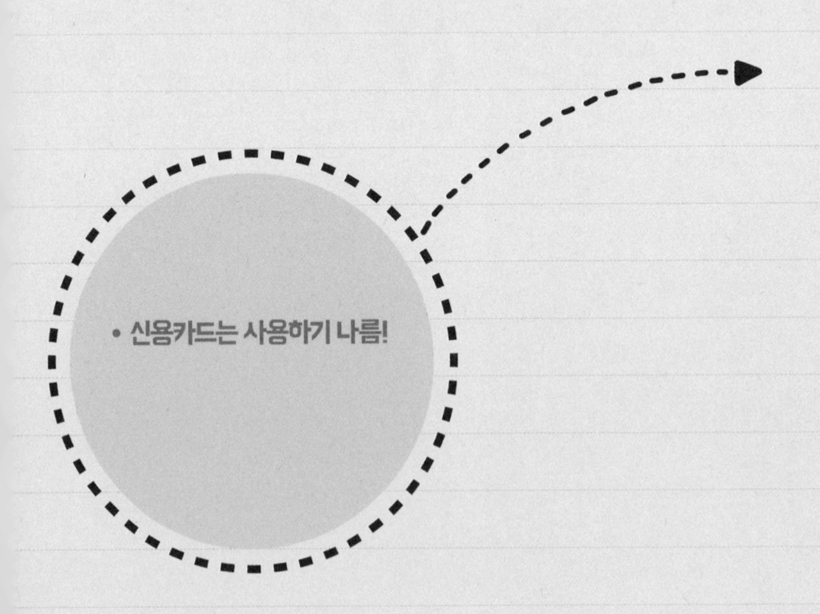
• 신용카드는 사용하기 나름!

금융 계산의 기술 4

신용카드 잘 사용하기

현대인의 필수품, 신용카드

신용카드는 현대인의 필수품이다. 하지만 신용카드를 잘못 사용하면 개인 신용이 떨어지기도 하고, 불어나는 연체료 때문에 힘든 시간을 보내기도 한다.

우리가 자주 사용하는 만큼 신용카드에 대해 제대로 알아볼 필요가 있다. 신용카드로 일시불 또는 할부로 물건을 구입하기도 하고 현금서비스를 받기도 한다. 결제일은 지정할 수 있는데, 하루라도 연체하면 이자율이 높은 연체료를 내야 한다. 특히 할부와 현금서비스도 이용 수수료가 붙는데, 이자가 꽤 높은 편이니 잘 알고 이용해야 한다.

연체료

신용카드를 잘 사용해야 하는 이유는 바로 연체료 때문이다. 이것을 어떻게 계산하는지 알아보자. 대금 결제일까지 요금을 납부하지

못할 경우 내야 하는 연체료는

(결제할 금액) × (연체료율) × (기산일)

로 계산한다. 이때 연체료율은 각 카드 회사의 약관에 따르며 기산일은 결제하기로 한 다음 날부터 실제로 결제한 날까지의 일수이다. 실제 예제를 통해 연체료를 계산해 보자.

(예제) 결제할 금액 200만 원을 대금 결제일 23일을 넘겨 29일에 냈다면 연체료는 얼마일까? 연체료율은 27%이다. (단, 기산일은 결제일 다음 날부터 결제일까지로 한다. 소수점 아래 첫째 자리에서 반올림한다.)

(풀이) 대금 결제일인 23일을 넘겨 29일에 돈을 냈으므로 기산일은 6일이다. 따라서 연체료는 다음과 같다.

(결제할 금액) × (연체료율) × (기산일)

$$= 2000000 \times \frac{27}{100} \times \frac{6}{365}$$

= 8877(원)

200만 원에 대한 6일간 연체료가 9,000원 가까이 된다. 생각해 보면 아주 큰 금액이다. 만약 한 달을 연체하면 그 금액이 눈덩이처럼 커질 것이다.

현금서비스

신용카드는 현금서비스라는 편리한 기능이 있는데 이것 역시 이자율이 높기 때문에 잘 판단하여 써야 한다.

현금서비스 이용 수수료는

$$(\text{현금서비스 이용 금액}) \times (\text{수수료율})$$

로 계산하고 수수료율은 각 카드 회사가 정한다.

(예제) 어떤 은행에서 현금서비스에 대한 수수료율을 다음과 같이 정했다면 200만 원의 현금서비스를 40일 이용했을 경우 그 수수료를 구하여라.

이용 기간	수수료율
39~41일	2.7%
42~44일	2.9%
45~47일	3.1%

(풀이) $2000000 \times \frac{2.7}{100} = 54000(\text{원})$

수수료를 54,000원이나 내야 한다. 만약 이마저 갚지 못하면 이자에 이자가 붙는 경우도 생긴다. 그래서 신용카드는 신중히 써야 한다.

할부

신용카드의 또 다른 기능으로 할부 신용 구매가 있다. 잘 알아 두도록 하자. 할부라는 것은 신용카드로 물건을 사고 일정 기간마다 물건 값을 나누어 낼 수 있는 제도를 말한다. 할부 신용 구매 대금은 월별로 청구되는데 월 청구액은 (월 납입액) + (할부 수수료)로 계산한다.

이때 월 납입액은 (할부 신용 구매 대금) ÷ (할부 기간)으로, 할부 수수료는 (대금 잔액) × (할부 수수료율) × $\frac{1}{12}$ 로 계산한다.

다음은 한 신용카드 회사에서 사용하고 있는 기준이다.

이용 대금 청구 시기

결제 일자	청구 대상
매월 5일	전전월 13일 ~ 전월 12일 기간 중 이용액
매월 12일	전전월 20일 ~ 전월 19일 기간 중 이용액
매월 23일	전월 1일 ~ 전월 말일 기간 중 이용액
매월 27일	전월 5일 ~ 금월 4일 기간 중 이용액

할부 수수료율

할부 기간	수수료율
2개월	연 13.5%
3~5개월	연 14.0%
6~9개월	연 15.5%

이 표를 이용하여 예제를 풀어 보자.

(예제) 5월 8일 120만 원짜리 냉장고를 샀다. 현금으로 60만 원을 먼저 지불하고, 나머지 60만 원은 신용카드 3개월 할부로 지불했다. 매월 청구액은 얼마일까? 카드 결제일은 매월 12일이다. (단, 원 미만은 버린다. 할부 수수료율은 앞에 나온 표를 이용하라.)

(풀이)

(1) 월 납입 할부 원금

60만 원 / 3개월 = 20만 원 / 1개월

(2) 할부 수수료

6월 12일: $400000 \times \frac{14}{100} \times \frac{1}{12} = 4666$(원)

7월 12일: $200000 \times \frac{14}{100} \times \frac{1}{12} = 2333$(원)

(3) 월 청구액

6월 12일: $200000 + 4666 = 204666$(원)

7월 12일: $200000 + 2333 = 202333$(원)

8월 12일: 200000(원)

(예제) 신용카드 일시불로 20만 원짜리 물건을 구입했다. 연체료율이 연 24%인데 대금 결제일 1일에 내지 못하고 16일에 냈다면 연체료는 얼마일까? (단, 소수점 아래 첫째 자리에서 반올림한다.)

(풀이) 일시불이기 때문에 할부 수수료가 아닌 연체료만 따져 보면 된다. 연체한 일수 15일에 대해 계산하면 다음과 같다.

$$200000 \times \frac{24}{100} \times \frac{15}{365} = 1973(\text{원})$$